普通高等教育“十三五”规划教材
高等学校计算机规划教材

Java EE 轻量级框架开发实用教程

谷志峰　李同伟　主编

琚伟伟　副主编

電子工業出版社
Publishing House of Electronics Industry
北京 · BEIJING

内容简介

本书从项目实战的角度来组织内容，详细介绍了目前流行的Hibernate、Spring MVC、Spring框架，并对这三个框架进行整合。全书共9章，分别是Java EE框架概述、在线书城项目案例设计、Hibernate框架开发初步、Hibernate关联映射关系、Hibernate查询语言、Spring MVC框架开发初步、Spring MVC框架开发进阶、Spring框架开发技术、Hibernate-Spring-Spring MVC框架整合。

本书的特色是项目驱动、案例充实、简明实用、通俗易懂。本书体系结构合理、章节设置得当，可作为高等学校计算机及信息工程类专业本科生的教材或参考书，也可供相关领域的读者参考。

图书在版编目(CIP)数据

Java EE 轻量级框架开发实用教程 / 谷志峰，李同伟主编. — 北京：电子工业出版社，2019.7

ISBN 978-7-121-36141-8

I. ①J… II. ①谷… ②李… III. ①JAVA 语言－程序设计－高等学校－教材 IV. ①TP312.8

中国版本图书馆 CIP 数据核字(2019)第 046457 号

责任编辑：王晓庆　　特约编辑：张燕虹
印　　刷：北京虎彩文化传播有限公司
装　　订：北京虎彩文化传播有限公司
出版发行：电子工业出版社
　　　　　北京市海淀区万寿路 173 信箱　　邮编：100036
开　　本：787×1092　1/16　印张：13.25　字数：339 千字
版　　次：2019 年 7 月第 1 版
印　　次：2019 年 7 月第 1 次印刷
定　　价：39.80 元

凡所购买电子工业出版社图书有缺损问题，请向购买书店调换。若书店售缺，请与本社发行部联系，联系及邮购电话：(010)88254888，88258888。

质量投诉请发邮件至 zlts@phei.com.cn，盗版侵权举报请发邮件至 dbqq@phei.com.cn。

本书咨询联系方式：(010)88254113，wangxq@phei.com.cn。

前　言

在企业级应用的开发选择上，Java EE 应用以其稳定的性能、良好的开放性、严格的安全性深受企业应用开发者的青睐；Java EE 平台已经成为电信、金融、电子商务、保险、证券等各行业的大型应用系统的首选开发平台。

目前，以 Spring 为核心的轻量级 Java EE 企业开发平台在企业开发中占有绝对的优势。轻量级 Java EE 开发大致可分为两种方式：以 Struts+Spring+Hibernate 三大框架为核心的轻量级 Java EE 和以 Spring MVC+Spring+MyBatis 为核心的轻量级 Java EE。这是目前使用比较多的框架整合方式。

首先，虽然 Struts2 框架不失为一种优秀的 MVC 模式框架，但其机制臃肿，校验烦琐，安全性也有待提高，并且在和 Spring 进行整合时很难做到无缝整合。而 Spring MVC 原生于 Spring 框架，可以无缝对接 Spring 的核心技术。与 Struts 不同，因为它的流程模块化，没有那么多臃肿的类，所以 Spring MVC 框架是目前 Web 应用框架的主流。

其次，虽然 MyBatis 以其简单、灵活等优点深受程序编写者的青睐，但 MyBatis 框架过于依赖数据库，导致数据库移植性差，不能随意更换数据库。而 Hibernate 是对 JDBC 的封装，数据无关性好；另外针对高级查询，MyBatis 需要手动编写 SQL 语句及 ResultMap，而 Hibernate 有良好的映射机制，开发者无须关心 SQL 的生成与结果映射，可以更专注于业务流程，因此 Hibernate 框架仍然是目前持久化层框架开发的主流。

因此，基于以上这些框架的优缺点，本书将采用 Spring MVC+Spring+Hibernate 三大框架的整合方式，这种整合方案以 Spring MVC 框架来替换 Struts2 框架，持久化层使用 Hibernate 框架，这种整合方案既吸取了 Spring MVC 框架的灵活方便、能和 Spring 无缝整合的优点，又保留了 Hibernate 这种优秀的持久化 ORM 框架；使得软件的开发既能灵活方便，又能提高程序的可复用性和可移植性。这种整合方案既适合开发大型软件，又可以进行小型项目的设计，是很多软件公司采用的一种框架整合方案。然而，目前图书市场上很难找到一本与 Spring MVC+Spring+Hibernate 框架整合相关的图书。基于此，编者准备竭尽所能编写一本 Spring MVC+Spring+Hibernate 框架方面的教材。

本书具有以下两大特色。

（1）项目驱动。本书以实现在线书城项目为主线，在第 2 章中对该项目进行设计，在后续章节中利用各章介绍的知识完成项目的各功能，例如利用第 3～5 章的 Hibernate 框架完成在线书城数据层的代码，利用第 6～7 章的 Spring MVC 框架完成在线书城表示层的代码，利用第 8～9 章的 Spring 框架完成在线书城业务层的代码并完成框架的整合。这样的设计使得本书真正做到了项目驱动。

（2）从实战、实用的角度来组织内容。本书所介绍的框架都是非常优秀的框架，无论是 Hibernate 框架还是 Spring MVC、Spring 框架，在知识体系上都是博大精深的。很多其他教材在介绍这些框架时，通常花费很大的篇幅对每个框架进行理论上的详细介绍，而本书侧重于从实用的角度来介绍这些框架，更侧重于介绍这些框架在具体项目的实战应用。这种介绍方式可能在理论介绍上不如传统教材那么细致入微，但是能让读者学到这些框架在实际项目中的具体作用，并且这种介绍方式更能激发读者的阅读积极性，使读者能够习得一技之长。

本书可作为高等学校计算机及信息工程类专业本科生的教材或参考书，也可供相关领域的读者参考。本书的参考教学时数在80学时以内。

本书由谷志峰、李同伟任主编，并负责全书统稿；由琚伟伟任副主编。具体分工为：第6章、第7章、第8章、第9章由谷志峰负责编写；第1章、第2章、第3章由李同伟负责编写；第4章、第5章由琚伟伟负责编写。

本书的出版得到了河南科技大学软件学院及教务处的大力支持，软件学院的霍华、刘欣亮、叶传奇、张虎对本书的编写提出了很多宝贵的意见。在此，我们一并表示衷心的感谢。

尽管在编写过程中，我们本着科学严谨的态度力求精益求精，但错误、疏忽之处在所难免，敬请广大读者批评指正。

编　者

目　录

第1章 Java EE 框架概述

1.1 Java Web 程序体系结构

1.1.1 比较 C/S 结构与 B/S 结构

在 Java Web 软件开发中，目前最常用体系结构有两种，即 C/S 结构和 B/S 结构。下面对这两种结构进行介绍和比较。

1. C/S 结构

C/S 结构即 Client/Server（客户/服务器）结构，它通过将任务合理地分配到客户端和服务器端，降低了系统的通信开销，可以充分利用两端硬件环境的优势。C/S 结构的出现是为了解决费用和性能的矛盾，最简单的 C/S 结构的数据库应用由两部分组成，即客户应用程序和数据库服务器程序。二者可分别称为前台程序与后台程序。运行数据库服务器程序的机器称为应用服务器，一旦数据库服务器程序被启动，就随时等待响应客户程序发来的请求；客户程序运行在用户自己的计算机上，对应于服务器计算机，可称为客户计算机。当需要对数据库中的数据进行操作时，客户程序就自动地寻找服务器程序，并向其发出请求，数据库服务器程序根据预定的规则做出应答，返回结果。

C/S 结构的优点是能充分发挥客户端 PC 的处理能力，很多工作可以在客户端处理后再提交给服务器，对应的优点是客户端响应速度快。但它也有自身的局限性，其缺点如下。

（1）只适用于局域网。而随着互联网的飞速发展，移动办公和分布式办公越来越普及，这需要系统具有扩展性。这种方式的远程访问需要专门的技术，同时要对系统进行专门的设计来处理分布式数据。

（2）客户端需要安装专用的客户端软件。首先，涉及安装的工作量；其次，任何一台计算机出问题，如病毒感染、硬件损坏，都需要进行安装或维护。特别是在有很多分部或专卖店的情况下，不是工作量的问题，而是路程的问题。另外，系统软件升级时，每台客户机需要重新安装，其维护和升级成本非常高。

（3）对客户端的操作系统一般也会有限制。可能适用于 Windows 98，但不能用于 Windows 2000 或 Windows XP。或者不适用于微软的新操作系统等，更不用说 Linux、UNIX 等。

虽然 C/S 结构有一定的缺点，但目前仍有大量的软件开发采用该结构，如 QQ、MSN、PP Live、迅雷、eMule 等。

2. B/S 结构

B/S 结构，即 Browser/Server（浏览器/服务器）结构，是随着 Internet 技术的兴起，对 C/S 结构的一种变化或改进的结构。在 B/S 结构下，用户界面完全通过 WWW 浏览器实现，一部分事务逻辑在前端实现，但是主要事务逻辑在服务器端实现。B/S 结构利用不断成熟和普及的浏览器技术实现原来需要由复杂专用软件才能实现的强大功能，并节约了开发成本，是一种全新的软件系统构造技术。

基于 B/S 结构的软件，系统安装、修改和维护全在服务器端解决。Web 应用程序的访问不需要安装客户端程序，可以通过任一款浏览器（如 IE 或 Firefox）来访问各类 Web 应用程序。当对 Web 应用程序进行升级时，不需要在客户端做任何更改。和 C/S 结构的应用程序相比，Web 应用程序可以在网络上更加广泛地传播和使用。一般的网站都采用 B/S 结构，如 Google、Baidu。

虽然 B/S 有诸多优点，但也存在一些缺点，例如 B/S 结构程序在跨浏览器的使用上总是不能尽如人意。另外，因为 B/S 结构的大量程序工作都是由服务器完成的，所以如何设计算法使得访问效率得到保证也是一个很大的问题。

本书所介绍的 Java Web 程序的体系结构采用的就是 B/S 结构，B/S 结构的程序是非常注重程序架构的，常用的程序架构有三层架构和两层架构，在下一节介绍三层架构。

1.1.2　三层架构

在传统的 Java Web 软件开发中，通常将业务处理的代码与 Java Web 代码混在一起，导致程序的可读性很差，不易于阅读，更不易于代码维护。如何解决这个弊端？通常采用分层模式的设计理念来解决这个问题，分层模式是最常见的一种架构模式，分层模式是很多架构模式的基础，通过分层模式将解决方案的组件分隔到不同的层中，实现在同一个层中的组件之间保持内聚性，并保持层与层之间的松耦合。如何进行分层呢？

一般的做法是在客户端与数据库之间加入一个“中间层”，从而形成三层架构。这里所说的三层架构，不是指物理上的三层，而是逻辑上的三层，即把这三个层放置到一台机器上。三层架构（如图 1-1 所示）的三层指的是表示层、业务层、数据持久层，各层的作用如下。

（1）表示层：主要作用为数据显示或与后台进行交互，因此表示层通常对应于 HTML 页面或 Java Web 页面。

（2）业务层：主要是针对具体问题的操作，也可以理解成对数据持久层的操作，对数据进行业务逻辑处理。

（3）数据持久层：主要指对非原始数据（数据库或文本文件等存放数据的形式）的操作层，而不是指原始数据，也就是说，是对数据库的操作，而不是对数据的操作，为业务层或表示层提供数据服务。

注意：这里所说的数据持久层并不是数据库，而是与数据库密切相关的操作代码。

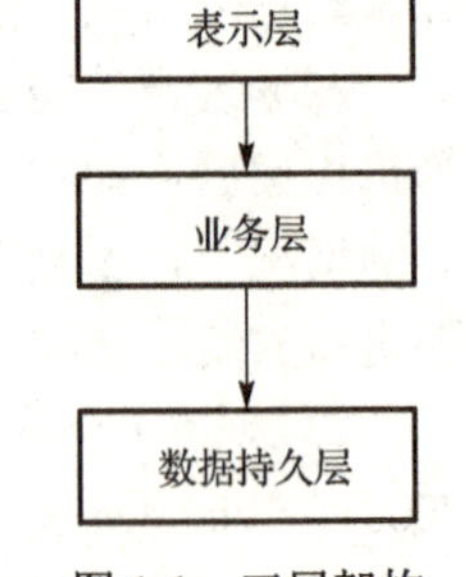

图 1-1　三层架构

可从图 1-1 中看出表示层、业务层、数据持久层之间的访问关系。

表示层访问业务层，业务层为表示层的访问提供数据或相应的方法；业务层访问数据持久层，数据持久层为业务层的访问提供数据或方法。也可以这样说，表示层依赖业务层，业务层依赖数据持久层，层和层之间是单向的依赖关系，下层不知道上层的存在，仅完成自身的功能，而不关心结果如何被使用，每层仅知道其下层的存在，忽略其他层的存在，只关心结果的取得，而不关心结果的实现过程。

这种单向的依赖关系使得在同一个层中的组件之间保持内聚性，并保持层与层之间的松耦合，从而实现软件工程要求的高内聚和低耦合的设计目标，提高程序的可复用性。

1.2　Hibernate、Spring MVC、Spring 框架概述

在介绍 Hibernate、Spring MVC、Spring 这三个框架之前，提高必须先明确为什么要学习框架及什么是框架。使用框架会给程序员带来很多好处，包括提高代码重用性和一致性，获得对变化的适应性等，尤其是能够减轻程序员的开发强度，使程序员更加注重业务的开发，有利于提高软件开发速度及质量。如果一个项目的开发不使用框架，那么开发该项目所需工作量会随着项目复杂性的提高以几何级数递增，而对于使用框架的项目而言，开发所需工作量会随着项目复杂性的提高以代数级数递增。也就是说，在开发团队人数一样的情况下，如果一个没有使用框架的项目所需的周期为 6～9 个月，那么该项目使用框架则只需要 3～5 个月。

框架（Framework）的定义如下：框架是应用系统的骨架，将软件开发中反复出现的任务标准化，以可重用的形式提供使用；大多数框架提供了可执行的具体程序代码，支持迅速地开发出可执行的应用程序；但也有些框架仅提供了抽象的设计架构，可以帮助程序员开发出健壮的设计模型；一个设计成功的框架能够大大缩短应用系统开发的周期，在预制框架上加入定制的构件可以大量减少编码量，并容易进行测试。因此，框架实际上是某种软件系统的半成品，是一组协同工作组件的集合。框架具有以下特点：

（1）一般是成熟、健壮的。

（2）可以使程序员专注于软件系统的业务逻辑设计，提高软件开发效率，缩短开发周期。

（3）使程序在开发阶段有利于分工，并且更易于维护和扩展。

（4）不断升级的软件，使程序员可以直接享用软件升级带来的优势。

（5）具有良好的结构和可扩展性。

在明确框架的重要性及框架的定义后，下面将分别对 Hibernate、Spring MVC、Spring 这三个框架进行简单介绍。

1.2.1　Hibernate 简介

目前，大多数应用软件的开发都是基于数据库操作的，当应用程序直接访问数据库时，软件开发人员要编写大量烦琐的数据库操作代码，不但容易出错，而且还影响项目的开发效率。

幸运的是，Hibernate 框架对 JDBC 的代码进行了封装，能够使开发人员从繁重的操作数据库的编码工作中解放出来。在实现数据持久层开发时，通常要选择 Hibernate 框架进行开发，这样程序员可以把精力放在数据表示和业务逻辑处理的代码编写上，提高了项目的开发效率、可维护性和可移植性。

Hibernate 是一个开放源码的对象-关系映射（ORM）框架，它对 JDBC 进行了轻量级封装，开发人员可以使用面向对象的编程思想来进行数据持久层开发，操作数据库。还可以使用 Hibernate 提供的 HQL（Hibernate Query Language）直接从数据库中获得 Java 对象。

2001 年年末，Hibernate 发布了第一个正式版本。该版本发布后受到开发人员的一致好评。之后，Hibernate 势不可挡，不断推出新的版本，成长速度惊人。直到 2003 年 6 月，Hibernate 2 发布了，由于该版本对各主流数据库提供的完美支持及完善的开发文档，使其一跃成为最流行的数据持久层开发工具。

2003 年 9 月，Hibernate 开发团队进入 JBoss 公司，开始全职开发 Hibernate，从这个时候

开始，Hibernate 得到了突飞猛进的普及和发展。

2004 年，整个 Java 社区开始从实体 Bean 向 Hibernate 转移，特别是在 Rod Johnson 的著作 *Expert One-on-One J2EE Development without EJB* 出版后，由于这本书以扎实的理论、充分的论据和翔实的论述否定了 EJB（Enterprise Java Bean，企业 Java Bean），提出了轻量级敏捷开发理念之后，以 Hibernate 和 Spring 为代表的轻量级开源框架开始成为 Java 世界的主流和事实标准。在 2004 年由 Sun 公司领导的 J2EE 5.0 标准制定中的持久化框架标准正式以 Hibernate 为蓝本。

2005 年 3 月，Hibernate 3 的发布成为 Hibernate 发展史上的一个里程碑，使 Hibernate 进入一个新的发展阶段。Hibernate 无疑已经占据了数据持久层设计领域的主导地位。

2006 年，J2EE 5.0 标准正式发布以后，持久化框架标准 Java Persistent API（简称 JPA）基本上是参考 Hibernate 实现的，而 Hibernate 从 3.2 版本开始已经完全兼容 JPA 标准。

2012 年 11 月，Hibernate 4.1.8 发布。

2018 年 11 月，Hibernate 5.4 发布。

1.2.2 Spring MVC 简介

在实现表示层时，通常要选择 MVC 框架，目前常用的 MVC 框架有 Spring MVC 和 Struts2。Spring MVC 属于 SpringFrameWork 的后续产品，已经融合在 Spring Web Flow 里。自 Spring 2.5 发布后，由于支持注解配置，Spring MVC 框架的易用性有了大幅度的提高。虽然 Struts2 也是非常优秀的 MVC 构架，但由于 Struts2 采用了值栈、OGNL 表达式、Struts2 标签库等，因而导致其应用性能下降，而 Spring MVC 以其使用灵活、简单，学习成本低，代码书写方便及良好的扩展性等优势深受软件开发者的青睐。

1.2.3 Spring 简介

业务层是最容易被忽视的一层，一些初级程序员经常纠结于“为什么要单独开辟业务层”，这些开发者更习惯于将业务层的内容书写在表示层或数据持久层中。这种编程习惯是不好的，因为它会造成程序代码的强耦合，这样的代码难以维护。而 Spring 框架的引入能很好地解决业务层的这些问题，因此在实现业务层开发时，通常要使用 Spring 框架。

Spring 是 Java 平台上的一个开源应用框架，它有着深厚的历史根基。Spring 起源于由 Rod Johnson 在 2002 年所著的 *Expert One-on-One*：*J2EE Design and Development* 一书中的基础性代码。在该书中，Rod Johnson 阐述了大量 Spring 框架的设计思想，并对 J2EE 平台进行了深层次的思考，指出了 EJB 存在的结构臃肿的问题。他认为：采用一种轻量级、基于 JavaBean 的框架就可以满足大多数程序开发的需要。

2003 年，Rod Johnson 公开了所描述框架的源代码，这个框架逐渐演变成我们所熟知的 Spring 框架。在 2004 年 3 月发布的 1.0 版本是 Spring 的第一个具有里程碑意义的版本。这个版本发布之后，Spring 框架在 Java 社区中变得异常流行。现在，Spring 已经获得广泛的欢迎，并被许多公司认为是具有战略意义的重要框架。Spring 框架是基于 Java 平台的，它为应用程序的开发提供了全面的基础设施支持。Spring 专注于基础设施，这使开发者能更好地致力于应用开发而不必关心底层的架构。

Spring 框架本身并未强制使用任何特别的编程模式。从设计上看，Spring 框架给予了 Java 程序员许多自由度，但同时对业界存在的一些常见问题也提供了规范的文档和易于使用的方法。Spring 框架的核心功能适用于任何 Java 应用。在基于 Java 企业平台上的大量 Web 应用中，积极的拓展和改进已经形成。而 Spring 的用途也不仅限于服务器端的开发，从简单性、可测试性和松耦合的角度来说，任何 Java 应用都可以从 Spring 中获得好处。

1.3　Java Web 开发环境搭建

1.3.1　开发工具选择

1．代码编写工具：Eclipse

Eclipse 是一种可扩展的开放源代码 IDE（Integrated Development Environment，集成开发环境）。2001 年 11 月，IBM 公司捐出价值为 4000 万美元的源代码组建了 Eclipse 联盟，并由该联盟负责这种工具的后续开发。IDE 经常将其应用范围限定在“开发、构建和调试”的周期中。为了帮助 IDE 克服目前的局限性，业界厂商合作创建了 Eclipse 平台。Eclipse 允许在同一 IDE 中集成来自不同供应商的工具，并实现了工具之间的互操作性，从而显著改变了项目工作流程，使开发者可以专注在实际的嵌入式目标上。

利用 Eclipse 可以将高级设计（也许是采用 UML）与低级开发工具（如应用调试器等）结合在一起。如果这些互相补充的独立工具采用 Eclipse 扩展点彼此连接，那么当用调试器逐一检查应用时，UML 对话框可以突出显示我们正在关注的器件。事实上，由于 Eclipse 并不了解开发语言，所以无论是 Java 语言调试器、C/C++调试器，还是汇编调试器都是有效的，并可以在相同的框架内同时指向不同的进程或节点。

Eclipse 自创建至今，已经有很多版本，如表 1-1 所示。

表 1-1　Eclipse 版本与发布日期

代号	版本	发布日期
IO	Eclipse 3.1	2005 年 6 月 27 日
Callisto	Eclipse 3.2	2006 年 6 月 26 日
Europa	Eclipse 3.3	2007 年 6 月 27 日
Ganymede	Eclipse 3.4	2008 年 6 月 25 日
Galileo	Eclipse 3.5	2009 年 6 月 24 日
Helios	Eclipse 3.6	2010 年 6 月 23 日
Indigo	Eclipse 3.7	2011 年 6 月 22 日
Juno	Eclipse 3.8/4.2	2012 年 6 月 27 日
Kepler	Eclipse 4.3	2013 年 6 月 26 日
Luna	Eclipse 4.4	2014 年 6 月 25 日
Mars	Eclipse 4.5	2015 年 6 月 25 日
Neon	Eclipse 4.6	2016 年 6 月 25 日

Eclipse 自 4.6 Neon 版起都集成了 Java EE 开发插件，可以进行 Java Web 程序的开发。本书的程序将采用 Indigo 版的 Eclipse 进行开发，在下面的内容中将利用 Eclipse 开发第一个 JSP 程序。

2．服务器软件：Tomcat 7.0.27

Tomcat 是一个免费的开源的 Servlet 容器，它是 Apache 基金会的 Jakarta 项目中的一个核心项目，由 Apache、Sun、其他公司及个人共同开发而成。由于 Sun 公司的参与和支持，最新的 Servlet 和 Java Web 规范总能在 Tomcat 中得到体现。

目前，Tomcat 的最新版为 Tomcat 9，本书使用的是 Tomcat 7.0.27。Tomcat 提供各种平台的版本下载，可以从 http://jakarta. apache.org 上下载其源代码版或二进制版。由于 Java 的跨平台特性，基于 Java 的 Tomcat 也具有跨平台性。

3. 数据库：Oracle

数据库是信息管理系统应用程序开发的核心，应用程序的开发往往都是围绕数据库展开的。根据数据的存储规模数据库可以分为大型数据库、中型数据库和小型数据库。大型数据库有 SyBase、DB2、Oracle 等，中型数据库有 SQL Server、MySQL 等、小型数据库有 Access 等。在上面所列的这些数据库中，目前在 Oracle 公司旗下的有 Oracle 和 MySQL，本书的案例将采用 Oracle 数据库进行开发。

Oracle 数据库之所以备受用户喜爱是因为它具有以下突出的特点。

（1）支持大数据库、多用户的高性能的事务处理。Oracle 支持大型数据库；支持大量用户，同时在同一数据上执行各种数据应用，并使数据争用性最小，保证数据一致性。系统维护具有高的性能，Oracle 每天可连续 24 小时工作，正常的系统操作（后备或个别计算机系统故障）不会中断数据库的使用；可控制数据库数据的可用性，可在数据库级或在子数据库级上控制。

（2）Oracle 遵守数据存取语言、操作系统、用户接口和网络通信协议的工业标准。因此，它是一个开放系统，保护了用户的投资。美国标准化和技术研究所（NIST）对 Oracle 7 Server 进行检验，发现它 100%地与 ANSI/ISO SQL89 标准的二级相兼容。

（3）实施安全性控制和完整性控制。Oracle 为限制各监控数据存取提供系统、可靠的安全性。Oracle 实施数据完整性，为可接受的数据指定标准。

（4）支持分布式数据库和分布处理。Oracle 为了充分利用计算机系统和网络，允许将处理分为数据库服务器和客户应用程序，所有共享的数据管理由数据库管理系统的计算机处理，而运行数据库应用的工作站集中于解释和显示数据。通过网络连接的计算机环境，Oracle 将存放在多台计算机上的数据组合成一个逻辑数据库，供全部网络用户存取。分布式系统像集中式数据库一样具有透明性和数据一致性。

（5）具有可移植性、可兼容性和可连接性。由于 Oracle 软件可在许多不同的操作系统上运行，所以在 Oracle 上开发的应用可移植到任何操作系统，只需做微小修改或不用修改。Oracle 软件同工业标准相兼容，包括许多工业标准的操作系统，开发的应用系统可在任何操作系统上运行。可连接性是指 Oracle 允许不同类型的计算机和操作系统通过网络共享信息。

1.3.2 开发环境搭建

1. 安装 JDK 及配置环境变量

在 Windows 下安装 JDK 与安装其他程序的步骤基本相同，请选择默认项直到单击“下一步”按钮，还需要进行系统环境变量的配置。

所谓环境变量，是指在操作系统中一个具有特定名字的对象，它包含了一个或多个应用程序将使用的信息。如果在安装 JDK 之后不配置 Java 的环境变量，那么在 DOS 命令行环境下就找不到 Java 的编译程序和 Java 的运行程序，也就不能在 DOS 环境下进行 Java 编译与运行程序。与 JDK 或 JRE 的使用有关的是 path、classpath 两个环境变量。path 变量中存储的是 JDK 命令文件的路径，path 变量用来告诉操作系统到哪里去查找某个命令，只有设置好 path 变量，才能正常地编译和运行 Java 程序。classpath 变量表示的是“类”路径，classpath 变量中存储的是 JDK 的类文件的路径，classpath 变量用来告诉 Java 执行环境在哪些目录下可以找到执行 Java 程序所需要的类或包，在这些包中包含了常用的 Java 方法和常量。path 变量的值是 JDK 命令文件的路径，它的值应该设置成“C:\Program Files (x86)\Java\jdk1.8.0_11\ bin;”。classpath 变量的值是 JDK 类文件的路径，它的值应该设置成：“.;C:\Program Files (x86)\Java\jdk1.8.0_11\lib;”。注意，C:\Program Files (x86)是根路径，用户可以根据自己 JDK 的安装位置调整 C:\Program Files (x86)的值。下面分别对这两个环境变量进行设置。

在环境变量设置窗口（如图 1-2 所示）中，单击“新建”按钮，添加一个名为 path 的系统变量，变量的值是：“C:\Program Files (x86)\Java\jdk1.8.0_11\bin;”，如图 1-3 所示。

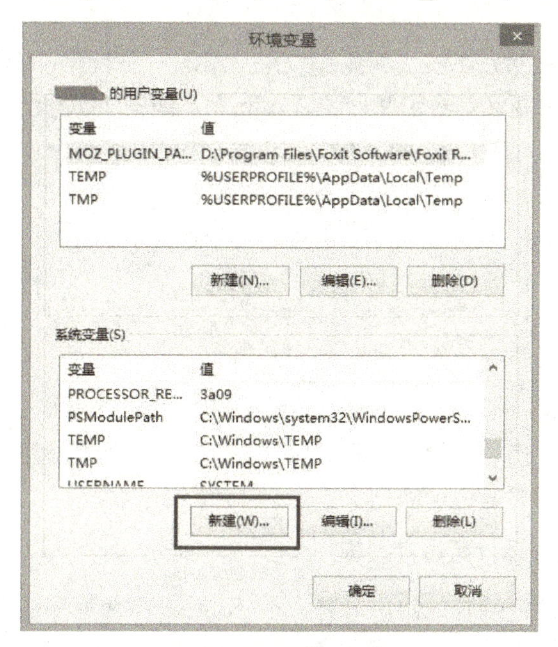

图 1-2　环境变量设置窗口

图 1-3　新建 path 变量

输入完成后，单击“确定”按钮，即可保存。path 变量就出现在系统变量列表中了，如图 1-4 所示。

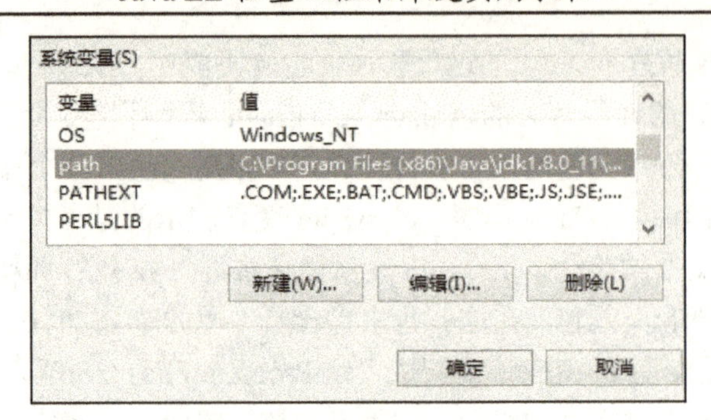

图 1-4 系统变量列表

注意：因为安装某些其他软件也需要配置 path 变量，所以可以选中 path 变量，单击“编辑”按钮对该变量进行编辑。如果因为其他软件 path 变量问题使得 JDK 运行异常，则可以将 Java 的 path 变量的值放在其他软件 path 变量的值的前面，最后以分号结束，这样就能解决这个问题。

然后配置 classpath 变量，单击“新建”按钮，添加一个名为 classpath 的变量，该变量的值是：“.;C:\Program Files (x86)\Java\jdk1.8.0_11\lib;”，如图 1-5 所示。

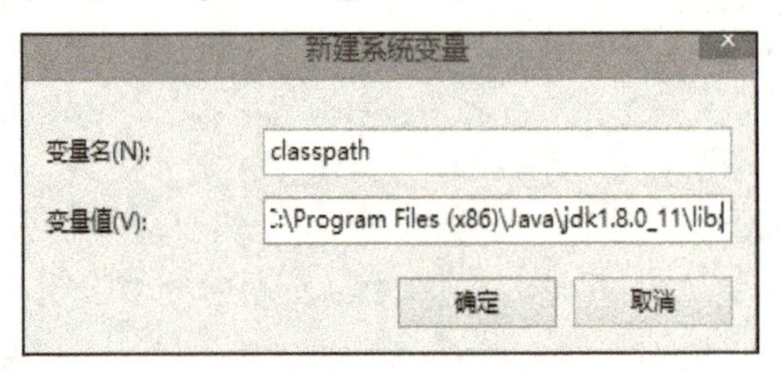

图 1-5 新建 classpath 变量

输入完成后，单击“确定”按钮，即可保存。至此，环境变量配置完成，可以编写 Java 程序来测试环境变量的配置是否正确。

2. Tomcat 的安装、运行与目录结构

JSP 程序的运行必须依赖服务器。本书选择 Tomcat 作为程序运行的服务器，Tomcat 是 Apache 公司的产品，目前版本已经升级到 9.x。Tomcat 服务器在中、小型 JSP 网站上应用比较广泛，并且是完全开源免费的。

1）下载 Tomcat

获取 Tomcat 非常容易，可以直接在网上搜索或从 Tomcat 官方网站获取。访问“http://tomcat.apache.org/”，下载 Tomcat 软件“apache-tomcat-7.0.27.exe”，下载完毕后，就可以使用 Tomcat 服务器了。

2）安装 Tomcat

单击下载的可执行程序，弹出如图 1-6 所示的窗口，在该窗口中单击 Next 按钮，弹出如图 1-7 所示的窗口。

在如图 1-7 所示的窗口中单击 I Agree 按钮，进入安装选项窗口，如图 1-8 所示。在该窗口中需要对相关的插件进行选择，在这里把所有的插件全部选中，即选择 Full 选项，选择好后单击 Next 按钮，会显示如图 1-9 所示的窗口。

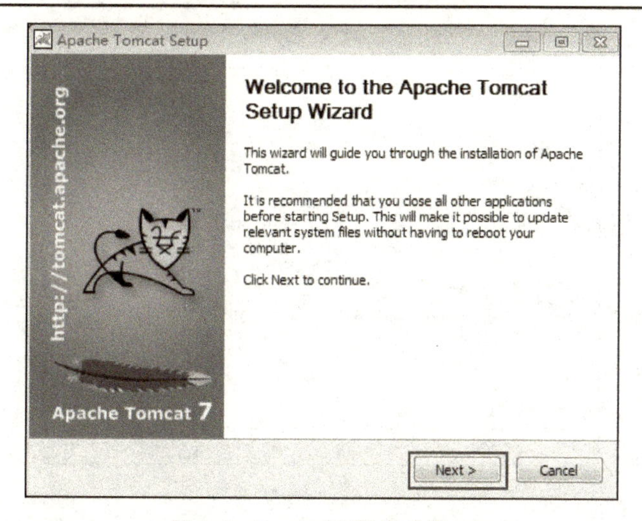

图 1-6　Tomcat 安装启动窗口

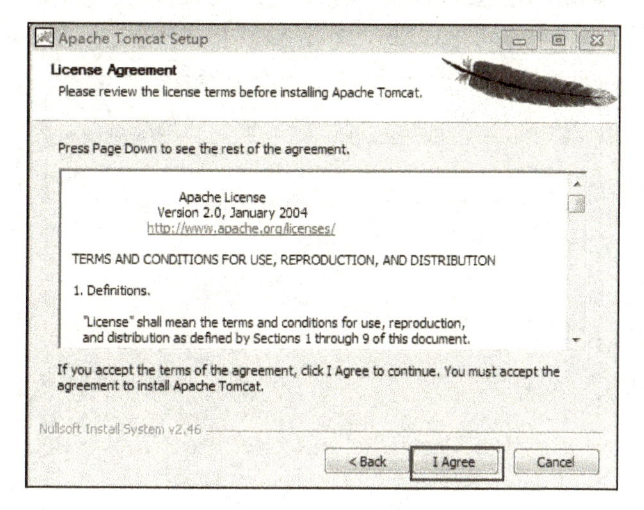

图 1-7　Tomcat 安装显示窗口

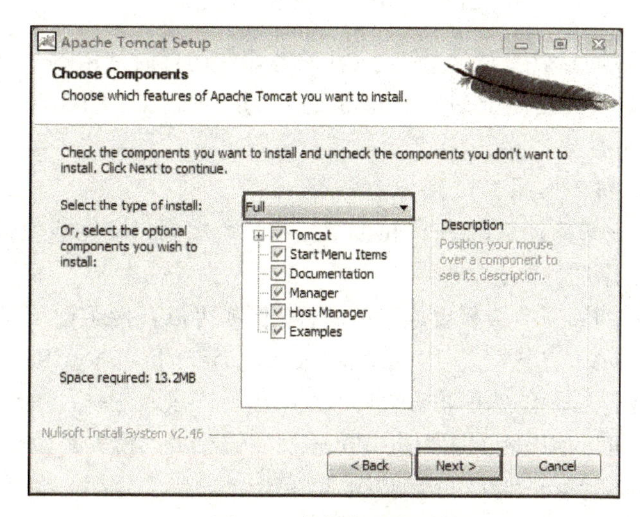

图 1-8　安装选项窗口

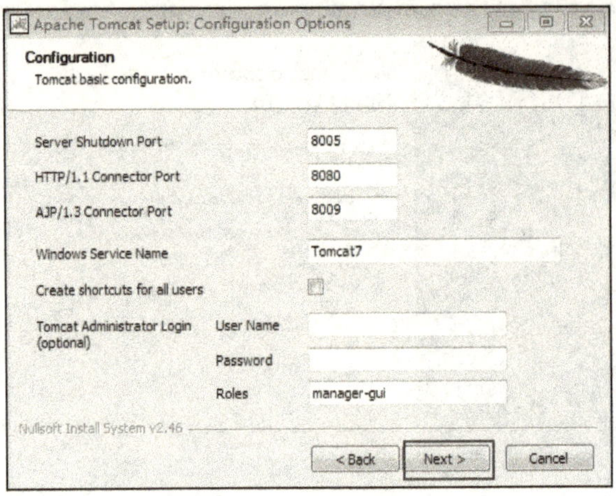

图 1-9　端口配置窗口

在如图 1-9 所示的窗口中，主要进行端口的配置，即配置所编写的 JSP 程序在哪个端口运行，这里 Tomcat 默认的是操作系统的 8080 端口。单击 Next 按钮，会进入如图 1-10 所示的窗口。

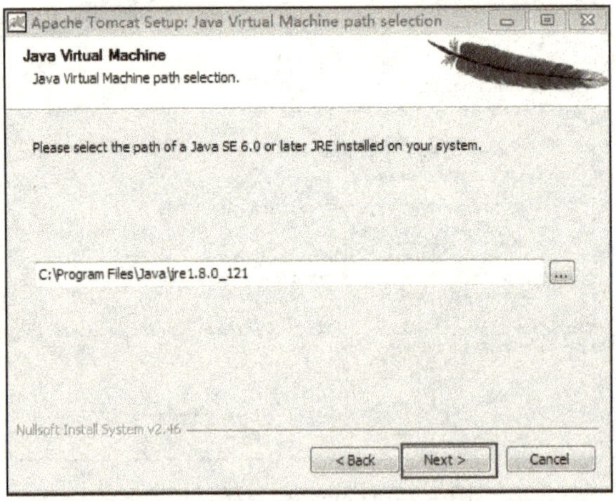

图 1-10　选择 Java 虚拟机窗口

在如图 1-10 所示的窗口中，要选择 Tomcat 服务器在运行时使用哪个开发工具包编译和解释执行 JSP 文件。JSP 文件实质上是一个 Java 文件，是由 Java 中的 Servlet 包产生的。在这里选择的是 jre1.8.0 文件夹。

单击 Next 按钮，进入如图 1-11 所示的界面。

在该界面中选择安装路径后，单击 Install 按钮，程序会自动完成安装。安装完成后，会弹出一个如图 1-12 所示的界面。

在如图 1-12 所示的界面中选择要运行的软件，例如可以直接运行该 Tomcat 服务器，或打开 Tomcat 的使用说明书。在这里将“Run Apache Tomcat”和“Show Readme”两个选项都选中，Tomcat 服务器运行后，会在右下角的状态栏中出现一个图标，绿色表示正常启动，可以使用，红色表示不可以使用。到此为止，Tomcat 安装完成，检验是否安装成功，打开 IE 浏览器，在地址栏中输入“http://localhost:8080/”，单击“转到”按钮，会弹出一个如图 1-13 所示的窗口，这时就表明服务器已经正确安装了。

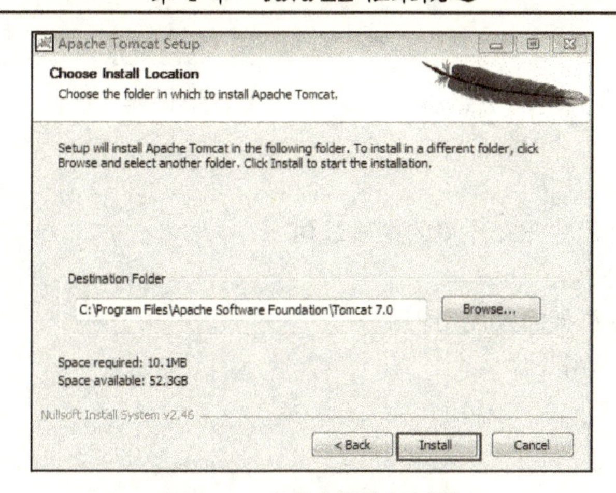

图 1-11　选择安装位置界面

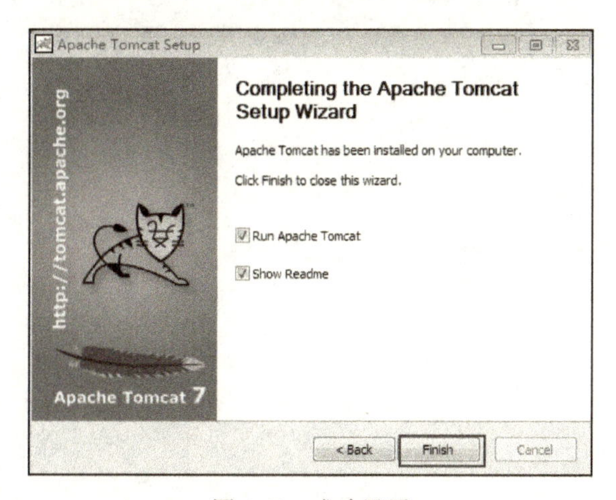

图 1-12　成功界面

图 1-13　Tomcat 服务器主页运行窗口

习　题　1

1．创建 JSP 应用程序时，配置文件 web.xml 应该在程序下的（　　）目录中。

A．admin　　B．servlet　　C．WebRoot　　D．WEB-INF

2．在下列选项中，不是 JSP 运行必需的要素是（　　）。

A．操作系统　　B．Java JDK

C．支持 JSP 的 Web 服务器　　D．数据库

3．简述 B/S 模式和 C/S 模式。

4．简述三层架构及其特点。

5．简述 Java Web 程序开发环境的搭建过程。

6．简述你对框架概念的认识。

7．简述 Hibernate 框架的发展历程。

8．Spring 框架的作用是什么？

第2章 在线书城项目案例设计

本书采用项目驱动的案例教学方法，在本章中将介绍贯穿本书始终的一个项目案例：在线书城。本书的教学内容将以此项目为驱动，利用每章所学内容来解决在线书城项目中的实际问题，从而提高学生的学习积极性。

2.1 项目需求分析

2.1.1 项目需求及权限分析

随着“互联网+”概念的提出及电子商务的不断发展，网上购物越来越普及，越来越多的商家都建立了自己的网上销售平台，人们可以通过网上销售平台足不出户地购买自己需要的商品。在线书城项目就是电子商城的一个具体应用。

在线书城是一个网上商店。像大多数电子商店一样，用户可以浏览和搜索产品目录，选择商品后添加到购物车，修改购物车，订购购物车中的物品等。在大部分操作中，用户不用登录也可进行操作。然而，在用户订购商品之前，必须登录到该应用程序中。为了登录，用户必须有一个账户，也就是说，用户在使用前必须注册。

在线书城的用户主要有两类：游客用户和注册用户。这两类用户的操作权限各不相同。

对于游客用户，所允许的功能有：浏览图书类别，浏览图书信息，浏览图书明细信息，浏览图书库存信息及图片，添加到购物车，查询图书信息。

对于注册用户，所允许的功能有：浏览图书类别，浏览图书信息，浏览图书明细信息，浏览图书库存信息及图片，添加到购物车，查询图书信息，结账，确认付费细节及邮寄地址。

结账、确认付费细节及邮寄地址功能，必须在登录系统后才可被使用，这和用户的网上购物体验是一样的。

2.1.2 项目功能详细介绍

在线书城的系统结构如图 2-1 所示。

1．浏览图书类别

功能描述：用户登录系统首页，可以浏览图书类别，单击“图书类别”按钮可以浏览图书信息。

功能参与者：游客用户和注册用户。

2．浏览图书信息

功能描述：用户单击“图书类别”按钮或超链接可以显示该类别的图书信息，图书信息包括图书编号、图书名称、图书描述。

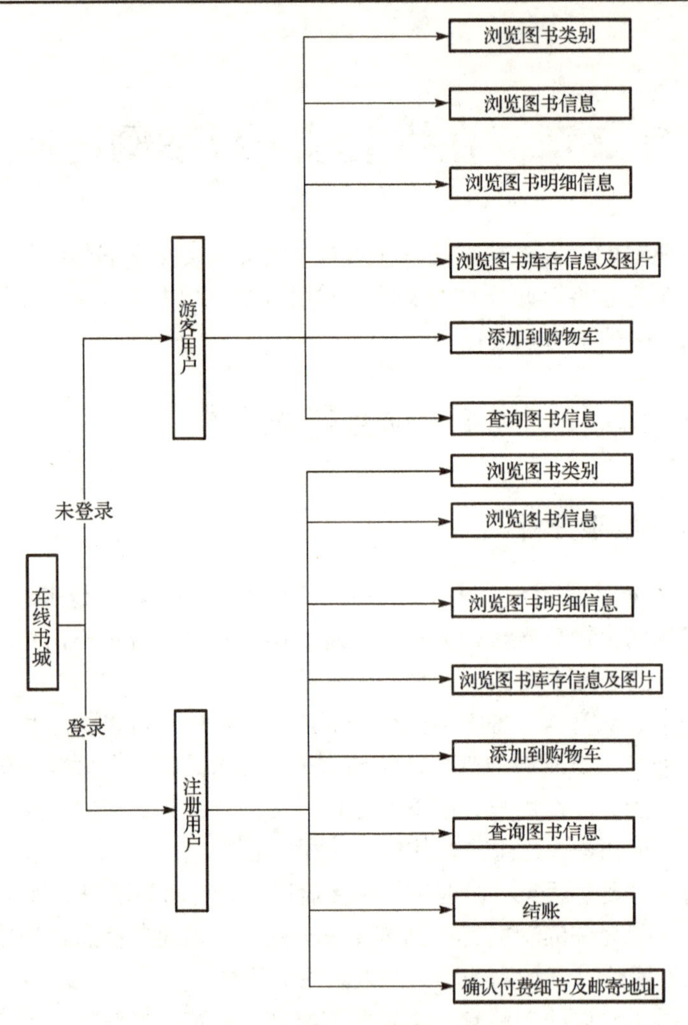

图 2-1　在线书城的系统结构

功能参与者：游客用户和注册用户。

3. 浏览图书明细信息

功能描述：用户单击图书信息列表中的“图书编号”超链接，可以显示图书明细信息，图书明细信息包括明细编号、图书完整名称、图书描述、单价等。

功能参与者：游客用户和注册用户。

4. 浏览图书库存信息及图片

功能描述：用户单击图书明细信息列表中的“明细编号”超链接，可以显示图书库存信息，图书库存信息包括库存、单价、图片、操作等。

功能参与者：游客用户和注册用户。

5. 查询图书信息

功能描述：用户在界面的“搜索”框中输入图书信息，单击“搜索”按钮后可以查阅图书信息，该查询是模糊查询，可以查得包含文本框中关键字的图书信息。

功能参与者：游客用户和注册用户。

6．添加到购物车

功能描述：用户单击图书明细信息或图书库存信息界面中的“加入购物车”可以将一个项目添加到用户的购物车中。这个操作也展示用户的购物车。用户可以通过单击“移除”按钮来删除该项，也在购物车中输入该项目的数量字段，然后单击“更新”按钮来调整项目的数量。如果超过最大库存量，则有所提示。

功能参与者：游客用户和注册用户。

7．结账

功能描述：用户在购物车页面中单击“Check Cart”按钮，系统将显示一个只读的购物车产品列表。若要进行结账，则单击“Continue”按钮。如果用户没有登录，应用程序则跳转到登录页面，用户需要提供其账户名和密码。若用户已经登录，该应用程序则显示用户的付款和发货信息。在用户填写完所需信息后，单击“提交”按钮，该应用程序将显示包含用户的账单和发货地址的只读页。如果用户需要更改任何信息，则单击浏览器的“后退”按钮，输入正确的信息。若要完成订单，则单击“提交”按钮。

功能参与者：注册用户。

8．登录和注册功能

功能描述：用户可以通过注册成为注册用户，系统将提供注册界面，在该界面中，用户需要录入详细的个人信息。用户注册后可以在登录界面进行登录，登录后可以进行结账及付费操作。

功能参与者：游客用户和注册用户。

2.2　数据库设计

下面详细介绍数据表结构。

根据 2.1 节的系统需求分析及功能模块，依据数据库设计的三大范式，在 Oracle 数据库下设计出在线书城的数据库。该数据库共需要 12 张数据表，根据这些表的功能和特点，可以分为与“登录账号”相关的表（表 2-1～表 2-3）、与“产品相关”的表（表 2-4～表 2-9）、与“订单相关”的表（表 2-10～表 2-12），下面分别加以详细说明。

1．Account 表——账户表

Account 表——账户表如表 2-1 所示。

表 2-1　Account 表——账户表

字段名称	字段类型	字段描述
USERID	VARCHAR2（80）	用户 ID
EMAIL	VARCHAR2（80）	电子邮箱
FIRSTNAME	VARCHAR2（80）	姓

续表

字段名称	字段类型	字段描述
LASTNAME	VARCHAR2（80）	名
STATUS	VARCHAR2（2）	身份
ADDR1	VARCHAR2（80）	地址 1
ADDR2	VARCHAR2（80）	地址 2
CITY	VARCHAR2（80）	城市
STATE	VARCHAR2（80）	州（省）
ZIP	VARCHAR2（80）	邮编
COUNTRY	VARCHAR2（80）	国家
PHONE	VARCHAR2（80）	电话

2. Signon 表——用户口令表

Signon 表——用户口令表如表 2-2 所示。

表 2-2 Signon 表——用户口令表

字段名称	字段类型	字段描述
USERNAME	VARCHAR2（25）	用户名
PASSWORD	VARCHAR2（25）	密码

3. Profile 用户配置文件表（存放用户个性化信息）

Profile 用户配置文件表（存放用户个性化信息）如表 2-3 所示。

表 2-3 Profile 用户配置文件表（存放用户个性化信息）

字段名称	字段类型	字段描述
USERID	VARCHAR2（80）	用户编号
LANGPREF	VARCHAR2（80）	母语
FAVCATEGORY	VARCHAR2（30）	喜欢的种类
MYLISTOPT	INTEGER	选择标记
BANNEROPT	INTEGER	选择标记

4. Bannerdata 表（存放图书种类及图片信息）

Bannerdata 表（存放图书种类及图片信息）如表 2-4 所示。

表 2-4 Bannerdata 表（存放图书种类及图片信息）

字段名称	字段类型	字段描述
FAVCATEGORY	VARCHAR2（80）	图书种类
BANNERNAME	VARCHAR2（255）	图片路径

5. Category 表——图书分类表

Category 表——图书分类表如表 2-5 所示。

表 2-5　Category 表——图书分类表

字段名称	字段类型	字段描述
CATID	VARCHAR2（10）	分类编号
NAME	VARCHAR2（80）	分类名称
DESCN	VARCHAR2（255）	描述

6. Product 表——图书信息表

Product 表——图书信息表如表 2-6 所示。

表 2-6　Product 表——图书信息表

字段名称	字段类型	字段描述
PRODUCTID	VARCHAR2（10）	图书编号
CATEGORY	VARCHAR2（10）	分类编号
NAME	VARCHAR2（80）	图书名称
DESCN	VARCHAR2（255）	图书描述

7. Item 表——图书明细表

Item 表——图书明细表如表 2-7 所示。

表 2-7　Item 表——图书明细表

字段名称	字段类型	字段描述
ITEMID	VARCHAR2（10）	项目编号
PRODUCTID	VARCHAR2（10）	商品编号
LISTPRICE	NUMBER（10,2）	价格
UNITCOST	NUMBER（10,2）	单位价格
SUPPLIER	INTEGER	出版社名称
STATUS	VARCHAR2（2）	图书状态
ATTR1	VARCHAR2（80）	附加信息
ATTR2	VARCHAR2（80）	出版日期
ATTR3	VARCHAR2（80）	版次
ATTR4	VARCHAR2（80）	图书简介
ATTR5	VARCHAR2（80）	封面图片

8. Supplier 表——出版社信息表

Supplier 表——出版社信息表如表 2-8 所示。

表 2-8　Supplier 表——出版社信息表

字段名称	字段类型	字段描述
SUPPID	INTEGER	出版社 ID
NAME	VARCHAR2（80）	出版社名称
STATUS	VARCHAR2（2）	出版状态
ADDR1	VARCHAR2（80）	地址 1

续表

字段名称	字段类型	字段描述
ADDR2	VARCHAR2（80）	地址 2
CITY	VARCHAR2（80）	城市
STATE	VARCHAR2（80）	州
ZIP	VARCHAR2（5）	邮编
PHONE	VARCHAR2（80）	电话

9．Inventory 表——库存表

Inventory 表——库存表如表 2-9 所示。

表 2-9 Inventory 表——库存表

字段名称	字段类型	字段描述
ITEMID	VARCHAR2（10）	项目编号
QTY	INTEGER	库存量

10．Orders 表——用户订单表

Orders 表——用户订单表如表 2-10 所示。

表 2-10 Orders 表——用户订单表

字段名称	字段类型	字段描述
ORDERID	INTEGER	订单编号
USERID	VARCHAR2（80）	用户编号
ORDERDATE	DATE	订单日期
SHIPADDR1	VARCHAR2（80）	邮寄地址 1
SHIPADDR2	VARCHAR2（80）	邮寄地址 2
SHIPCITY	VARCHAR2（80）	邮寄城市
SHIPSTATE	VARCHAR2（80）	邮寄省份
SHIPZIP	VARCHAR2（20）	邮编
SHIPCOUNTRY	VARCHAR2（20）	邮寄国家
BILLADDR1	VARCHAR2（80）	订单地址 1
BILLADDR2	VARCHAR2（80）	订单地址 2
BILLCITY	VARCHAR2（80）	订单城市
BILLSTATE	VARCHAR2（80）	订单省份
BILLZIP	VARCHAR2（20）	订单编码
BILLCOUNTRY	VARCHAR2（20）	订单国家
COURIER	VARCHAR2（80）	快递员
TOTALPRICE	NUMBER（10,2）	总价
BILLTOFIRSTNAME	VARCHAR2（80）	订单首字母
BILLTOLASTNAME	VARCHAR2（80）	订单名称
SHIPTOFIRSTNAME	VARCHAR2（80）	邮寄首字母
SHIPTOLASTNAME	VARCHAR2（80）	邮寄名称
CREDITCARD	VARCHAR2（80）	信用卡
EXPRDATE	VARCHAR2（7）	信用卡日期
CARDTYPE	VARCHAR2（80）	卡类型
LOCALE	VARCHAR2（80）	地址

11. Orderstatus 表——订单状态表

Orderstatus 表——订单状态表如表 2-11 所示。

表 2-11　Orderstatus 表——订单状态表

字段名称	字段类型	字段描述
ORDERID	INTEGER	订单编号
LINENUM	INTEGER	行号
TIMESTAMP	DATE	时间戳
STATUS	VARCHAR2（2）	订单状态

12. Lineitem 表——订单详情表

Lineitem 表——订单详情表如表 2-12 所示。

表 2-12　Lineitem 表——订单详情表

字段名称	字段类型	字段描述
ORDERID	INTEGER	订单编号
LINENUM	INTEGER	行号
ITEMID	VARCHAR2（10）	明细编号
QUANTITY	INTEGER	数量
UNITPRICE	NUMBER（10,2）	价格

2.3 项 目 实 现

2.3.1 项目总体架构

本书项目将采用 Java EE 三层架构的思想来实现，三层架构的编程思想将整个程序的代码分为三个部分，即表示层、业务层和数据持久层。其中，表示层实现数据显示或与后台进行交互部分的代码；业务层针对具体业务的操作代码；数据持久层是对非原始数据（数据库或文本文件等存放数据的形式）的操作层，该层主要实现数据的持久化操作（例如数据的增删改），也可以实现数据的查询操作，从而实现为业务层或表示层提供数据服务的目的。三层架构如图 1-1 所示。

2.3.2 项目实现计划

本书在实现在线书城项目时，从三层架构的角度来完成代码的实现和介绍。在 Hibernate 框架部分完成所有功能数据持久层和业务层的实现，在 Spring MVC 部分完成所有功能表示层的实现，在 Spring 框架部分将完成业务层的改造和框架的整合。

因为框架技术属于服务器端开发技术，所以本书在项目案例实现时，侧重介绍服务器端代码，而对前台页面仅做简单介绍。另外，出于篇幅原因，本书不可能对在线书城的所有功能的代码进行罗列，所以在后续章节的项目案例实现中，仅对主要功能的代码部分进行介绍，而对于其他功能，本书将留作课后练习或扩展训练，读者可自行完成。

在第 3 章～第 9 章中完成的工作如表 2-13 所示。

表 2-13 在第 3 章～第 9 章中完成的工作

章节	完成的工作
第 3 章 Hibernate 框架开发初步	完成基础数据表实体类的创建及映射文件的编写
第 4 章 Hibernate 关联映射关系	完成基础数据表的映射关系的创建
第 5 章 Hibernate 查询语言	完成主要功能数据持久层的实现和主要功能业务层的实现
第 6 章 Spring MVC 框架开发初步	完成主要功能表示层的实现
第 7 章 Spring MVC 框架开发进阶	完成主要功能表示层的实现
第 8 章 Spring 框架开发技术	完成主要功能组件的生成
第 9 章 Hibernate-Spring-Spring MVC 框架整合	完成表示层和数据持久层的整合及业务层的改造

习 题 2

1．简述在线书城项目的功能模块。

2．创建数据库 BookStore，并创建在线书城的数据表，注意表中的约束关系。

3．简述在线书城的程序架构，并阐述这种架构的优点。

第3章　Hibernate框架开发初步

3.1　Hibernate概述

本节将介绍学习Hibernate的重要意义及Hibernate的概念，并介绍Hibernate教学环节非常重要的两个概念：对象关系映射（Object Relational Mapping，ORM，或O/RM，或O/R Mapping即对象/关系映射）和持久化。

3.1.1　Hibernate简介

传统的数据层代码的编写一般需要使用JDBC方式。JDBC（Java Data Base Connectivity，Java数据库连接）是一种用于执行SQL语句的Java API，可以为多种关系数据库提供统一访问，它由一组用Java语言编写的类和接口组成。JDBC提供了一种基准，据此可以构建更高级的工具和接口，使数据库开发人员能够编写数据库应用程序。JDBC规范采用接口和实现分离的思想设计了Java数据库编程的框架。

JDBC方式编程具有如下不足之处。

（1）实现业务逻辑的代码和数据库访问代码掺杂在一起，使程序结构不清晰，可读性差。

（2）在程序代码中嵌入面向关系的SQL语句，使开发人员不能完全运用面向对象的思维来编写程序。

（3）业务逻辑和关系数据模型绑定，如果关系数据模型发生变化，例如修改了某个数据表的结构，那么必须手工修改程序代码中所有相关的SQL语句，这增加了维护软件的难度。

（4）如果程序代码中的SQL语句包含语法错误，在编译时不能检查这种错误，只有在运行时才能发现这种错误，这增加了调试程序的难度。

（5）数据层代码高度依赖数据库，如果数据库发生变化，例如由MySQL数据库换成Oracle数据库，数据层代码一般需要重新编写，代码的可复用性差。

Hibernate的出现可以很好地解决上面这些问题。Hibernate对JDBC进行了轻量级的对象封装，使得程序员可以随心所欲地使用面向对象编程思维来操纵数据库。使用Hibernate可以使得代码精简易读，开发工作量小，程序员可以将精力集中在业务逻辑的处理上。

Hibernate是封装了JDBC的一种开放源代码的对象关系映射框架。Hibernate的对象关系映射解决方案实际上就是将Java对象与对象之间的关系映射到数据库中表与表之间的关系。

2001年，Hibernate 1发布，即Hibernate的第一个版本发布。

2003年，Hibernate 2发布，并在当年获得Jolt2004大奖（Jolt大奖素有“软件业界的奥斯卡”之美誉，共设通用类图书、技术类图书、语言和开发环境、框架库和组件、开发者网站等十余个分类大奖）。2003年，Hibernate被JBoss公司收购，成为该公司的子项目之一。

2005年，JBoss公司发布了Hibernate 3；2006年，JBoss公司被Redhat公司收购。

2012年11月，Hibernate 4.1.8发布。

2018 年 11 月，Hibernate 5.4 发布，这是最新版本。

同时，Hibernate 也是一个优秀的持久化框架，Hibernate 的目标是成为 Java 中管理数据持久性问题的一种完整解决方案。它协调应用程序与关系型数据库的交互，将开发者解放出来专注于项目的业务逻辑问题。

ORM 和持久化是描述 Hibernate 框架的两个非常重要的关键词，深入理解 ORM 和持久化对 Hibernate 框架的掌握至关重要，下面将详细地介绍这两个概念。

3.1.2　ORM

ORM 即对象关系映射，面向对象思想认为世界是由实体（Entity）和联系（Relationship）构成的。在关系模型中，实体通常是以表的形式来表现的。表的每一行描述实体的一个实例，表的每一列描述实体的一个特征或属性。所谓联系就是指表和表之间的关系，例如一对一关系、一对多关系等。因此，关系模型通常和关系数据库对号入座。在对象模型中，实体通常以对象的形式来表现，对象具有自己的属性和方法，一个实例化的对象可以描述实体的一个实例，对象和对象之间具有继承、包含等关系。完成从对象模型到关系模型的转换机制就是对象关系映射，即 ORM。

例如在线书城项目中的 Signon 表——用户口令表，其关系模型是以数据表的形式展现的，如图 3-1 所示，表中有两条数据。

	USERNAME		PASSWORD	
1	tom	…	t123	…
2	Jack	…	j123	…

图 3-1　Signon 表

该关系模型对应的对象模型通常以面向对象中的类和对象的形式展现，其中类和关系模型中的数据表对应，而实例化的对象可以对照数据表中的一条数据记录。例如和 Signon 表对应的类为：

```
public class Signon {
    private String username;
    private String password;

    public Signon(String username, String password) {
        this.username = username;
        this.password = password;
    }
    /**Setter Getter 方法略**/

}
```

而 Signon 表中的记录可以和 Signon 类的实例化对象(new Signon("tom","t123"))对应。

3.1.3　持久化及数据持久层

什么是持久化？想要掌握持久化的概念，首先需要了解与之相关的两个概念：瞬时状态和持久状态。保存在内存的程序数据在退出程序后，数据就消失了，称为瞬时状态。保存在磁盘上的程序数据在退出程序后依然存在，称为程序数据的持久状态。到目前为止，有三种媒介常用于永久性地保存数据：一是格式化的文本文件，二是 xml 文件，三是当今最流行的数据库系统。所谓的持久化就是将程序数据在瞬时状态和持久状态之间转换的机制。

例如在线书城项目中用于描述用户信息的实体类 Signon，以及经过实例化的对象，这些信息都是存储在内存中的，当程序运行结束后，这些信息都会释放它们存储在内存中的存储单元，当然这些信息也会随之消失。如果想让这些信息永久保留，就需要借助 JDBC 或 Hibernate 实现这些信息的持久化。具体来说，就是将这些信息转换成数据表及数据表中记录的形式来存放。

Java EE 分层架构的开发模式是 Java EE 开发时常用的一种模式，根据开发的需要可以将系统分为两层架构、三层架构乃至四层架构。所谓数据持久层就是专门进行数据持久化操作的代码的集合，也就是说把对数据的持久化操作（例如对表的增删改操作）的代码专门分为一层。为了降低程序开发的难度，本书的分层架构不准备将数据持久层单列一层，本书在线书城项目的开发选择采用三层架构，即表示层、业务层、数据持久层，如图 1-1 所示。

本书的数据持久层是将数据访问和持久化操作放在一起作为一层的，也就是说在本书的数据持久层中不仅有对数据的持久化操作（增删改），还有对数据的查询操作。

3.2　Hibernate 框架搭建

Hibernate 框架是要完成持久化操作的，是需要对数据库进行操作的，本书中所有语法程序及项目案例使用的是 Oracle 数据库，登录数据库的用户名为“xiaohua”，登录密码为“m123”。

本节以在线书城项目中用户口令表的对象关系映射的创建为例，介绍 Hibernate 框架的搭建。另外，本节在实现对象关系映射时，将分别采用 xml 配置方式和注解方式来进行介绍。

3.2.1　Hibernate 框架搭建所需要的 jar 包

因为框架实际上是某种软件系统的半成品，所以搭建 Hibernate 框架的第一步就是准备搭建 Hibernate 框架所需要的 jar 包。本书的 Hibernate 选择 Hibernate 3 版本，可以从 Hibernate 官网下载 hibernate-3.2.5.ga，解压后，搭建 Hibernate 框架所需要的 jar 包为 hibernate-3.2.5.ga 文件夹下的 hibernate3.jar 及 lib 文件夹中的 jar 包。在这些 jar 包中，有些是必选的，有些是可选的，下面首先对必选的 jar 包进行介绍。

搭建 Hibernate 框架所必需的 jar 包如表 3-1 所示。

表 3-1　搭建 Hibernate 框架所必需的 jar 包

包名	作用
hibernate3.jar	Hibernate 的核心库
cglib-asm.jar	CGLIB 库，Hibernate 用它来实现 PO 字节码的动态生成，是非常核心的库
dom4j.jar	dom4j 是一个 Java 的 XML API，类似于 jdom，用来读写 xml 文件。这是必须使用的 jar 包，Hibernate 用它来读写配置文件
odmg.jar	ODMG 是一个 ORM 的规范，Hibernate 实现了 ODMG 规范，这是一个核心的 jar 包
commons-collections.jar	属于 Apache Commons 包中的一个，包含了一些 Apache 开发的集合类，功能比 java.util.*强大
commons-beanutils.jar	属于 Apache Commons 包中的一个，包含了一些 Bean 工具类
commons-lang.jar	属于 Apache Commons 包中的一个，包含了一些数据类型工具类，是 java.lang.*的扩展
commons-logging.jar	属于 Apache Commons 包中的一个，包含了日志功能

除以上这些jar包外，还需要导入与Oracle数据库开发相关的jar包odbc14.jar，没有这个jar文件，是不能进行Oracle数据库开发的。

以上这些jar包都是必需的，表3-2中的jar包都是可选的。

表3-2 Hibernate框架搭建可选的jar包

包名	作用
ant.jar	Ant编译工具的jar包，用来编译Hibernate源代码
optional.jar	Ant的一个辅助包
c3p0.jar	c3p0是一个数据库连接池，Hibernate可以配置为使用c3p0连接池
proxool.jar	也是一个连接池，使用原理同上
commons-pool.jar、commons-dbcp.jar	DBCP数据库连接池，如果在EJB中使用Hibernate，一定要使用App Server连接池，不要用以上四种连接池，否则容器管理事务不起作用
connector.jar	JCA规范，如果在App Server上把Hibernate配置为Connector则需要这个jar包，但App Server一般都会自带这个包，实际上是可选的包
jaas.jar	JAAS是用来进行权限验证的，已经包含在JDK1.4里了。实际上是多余的包
jcs.jar	如果在Hibernate中使用JCS，那么必须包括它，否则就不使用
jdbc2_0-stdext.jar	JDBC 2.0的扩展包，一般来说数据库连接池会用上它。因为App Server都会自带这个包，所以也是多余的
jta.jar	JTA规范，当Hibernate使用JTA时需要它，因为App Server都会自带这个包，所以也是多余的
junit.jar	JUnit包，在运行Hibernate自带的测试代码时需要它，否则就不使用
xalan.jar、xerces.jar、xml-apis.jar	Xerces是XML解析器，Xalan是格式化器，xml-apis实际上是JAXP
ant-1.63.jar	Ant的核心包，在构建Hibernate时会用到
antlr-2.7.5H3.jar	实现语言转换功能，Hibernate利用它实现从HQL到SQL的转换
asm.jar、asm-attrs.jar	ASM字节转换库
c3p0-0.8.5.2.jar	JDBC连接池工具
cglib-2.1.jar	高效的代码生成工具，Hibernate用它在运行时扩展Java类和实现Java接口
commons-collections-2.1.1.jar	Apache的工具集，用来增强Java对集合的处理能力
commons-logging-1.0.4.jar	Apache软件所提供的日志工具
concurrent-1.3.2.jar	线程同步工具，在使用JBoss的树状缓存时会用到
connector.jar	用于连接多个应用服务器的标准连接器
ehcache-1.1.jar	缓存工具，在没有提供其他缓存工具时，这个缓存工具是必不可少的，否则可选
jaas.jar	标准的Java权限和认证服务包
jaxen-1.1-beta-4.jar	通用的XPath处理引擎
jboss-cache.jar	JBoss的一种树状缓存实现工具
jboss-common.jar	JBoss的基础包，在使用JBoss的树状缓存时必须有此包
jboss-jmx.jar	JBoss的JMX实现包
jboss-system.jar	JBoss的核心，包括服务器和部署引擎
jdbc2_0-stdext.jar	标准的JDBC 2.0扩展API
jgroups2.2.7.jar	网络通信工具包

创建Web项目chapter3，在该项目文件夹中创建hibernate_jar文件夹，将这些jar包统一放在hibernate_jar文件夹中。

选中项目chapter3，单击鼠标右键，单击Properties菜单，在出现的对话框中选中Java Build Path，出现如图3-2所示的窗口。

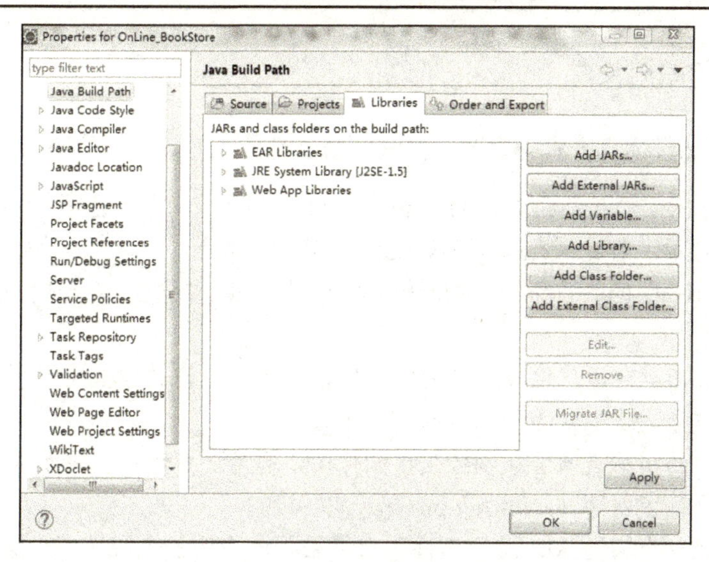

图 3-2　Java Build Path 窗口

因为 Hibernate 框架搭建所需要的 jar 包较多，所以可以通过 Add Library 的方式来添加 jar 包，单击 Java Build Path 窗口中的 Add Library 按钮，在出现的窗口中选择 User Library，单击 Next 按钮，在出现的窗口（如图 3-3 所示）中选择已经创建好的用户库 Hibernate，单击 Finish 按钮。

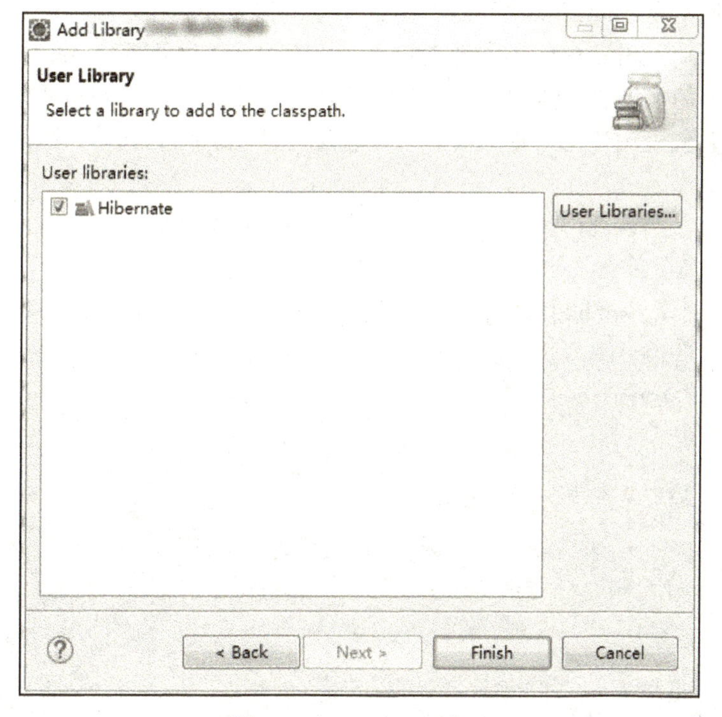

图 3-3　User Library 窗口

读者可以单击图 3-3 中的 User Libraries 按钮，创建自己的用户库，然后将需要的 jar 包导入自己创建的用户库中。对创建用户库的具体操作方法不再赘述。这样就实现了将开发 Hibernate 所需要的 jar 包导入当前项目中的操作。

3.2.2 实体类和映射文件

1. 使用配置 xml 文件方式编写实体类和映射文件

数据持久层中的实体类通常要求为 pojo 类，pojo 类（或对象）主要用来指代那些没有遵循特定 Java 对象模型、约定或框架的类。pojo 类有如下特点。

（1）有一些 private 的参数作为类的属性，然后针对每个参数定义 get 和 set 方法访问的接口。

（2）没有从任何类继承，也没有实现任何接口，更没有被其他框架侵入的 Java 类。

（3）需要提供显式或隐式的无参数的构造函数。

数据持久层中的实体类为了起到持久化的作用，通常还要满足以下条件。

（1）提供一个标识属性（identifier property）（可选）

例如可以提供一个属性 id。这个属性包含了数据库表中的主键字段。这个属性可以叫任何名字，其类型可以是任何的原始类型、原始类型的包装类型、java.lang.String 或 java.util.Date。（如果用户的老式数据库表有联合主键，则可以用一个用户自定义的类，其中每个属性都是这些类型之一。）

用于标识的属性是可选的。读者可以不管它，让 Hibernate 内部来追踪对象的识别。当然，对于大多数应用程序来说，这是一个好的设计方案。

（2）建议使用不是 final 的类（可选）

代理（proxies）是 Hibernate 的关键功能之一，要求持久化类不是 final 类，或者是一个全部方法都是 public 的接口的具体实现。读者可以对一个 final 的、也没有实现接口的类执行持久化，但不能对它们使用代理，否则会影响读者进行性能优化的选择。因此，建议实体类不要使用 final 类。

【例 3-1】以员工类或部门类为例，来介绍实体类及其映射文件的编写。

【例 3-1】 编写员工类，并以 xml 文件方式完成其映射文件的编写。

在 src 下建立目录 com.hkd.entity，将实体类建在这个目录之下。员工类代码如下：

```
package com.hkd.entity;
public class Employee {
    String eid;
    String ename;
    public String getEid() {
        return eid;
    }
    public void setEid(String eid) {
        this.eid = eid;
    }
    public String getEname() {
        return ename;
    }
    public void setEname(String ename) {
        this.ename = ename;
    }
}
```

编写员工类的映射文件 Employee.hbm.xml。映射文件通常是使用 xml 文档来定义的，其默认名为*. hbm.xml，*表示持久化类的类名，通常将某个类的映射文件与这个类放在同一目录下。可以手工修改映射文件，开发人员可以手写 xml 映射文件，也可以使用一些工具来辅助 xml 映射文件的生成。代码如下：

```
<?xml version="1.0" encoding="UTF-8"?>
<!DOCTYPE hibernate-mapping PUBLIC
    "-//Hibernate/Hibernate Mapping DTD 3.0//EN"
    "http://hibernate.sourceforge.net/hibernate-mapping-3.0.dtd">
<hibernate-mapping>
<class name="com.hkd.entity.Employee" table="emp">
<!-- 映射各个数据成员 -->
<!-- 配置主键 -->
<id name="eid">
<generator class="uuid"/>
</id>
<!-- 配置其他成员 -->
<property name="ename"/>
</class>
</hibernate-mapping>
```

说明：

（1）hibernate-mapping 元素

位于映射文件顶层的是<hibernate-mapping>元素，该元素定义了 xml 配置文件的基本属性，即它所定义的属性在映射文件的所有节点中都有效。

```
<hibernate-mapping
    schema="schemaName"                              <!--指定数据库 scheme 名-->
    catalog="catalogName"                            <!--指定数据库 catalog 名-->
    default-cascade="cascade_style"                  <!--指定默认级联方式-->
    default-access="field|property|ClassName"        <!--指定默认属性访问策略-->
    default-lazy="true|false"                        <!--指定是否延迟加载-->
    auto-import="true|false"    <!--指定是否可以在查询语言中使用非全限定类名-->
    package="package.name"                           <!--指定包前缀-->
 />
```

在上例中，若没有指定 package 属性，则在 class 属性配置中需要列出类的完整路径；反之，只需要写出类名。

（2）class 元素

<class>元素用来声明一个持久化类，它是 xml 配置文件中的主要配置内容。通过它可以定义 Java 持久化类与数据表之间的映射关系。

① name 属性：持久化类或接口的全限定名。如果未定义该属性，则 Hibernate 将该映射视为非 pojo 实体的映射。该属性可选。

② table 属性：持久化类对应的数据库表名，该属性可选，默认值为持久化类的非限定类名。

③ lazy 属性：指定是否使用延迟加载。该属性可选。

（3）id 元素

持久化类的标识属性在 Hibernate 映射文件中使用<id>元素来描述。标识属性映射到持久化类对应的数据表中的主键列。通过配置标识属性，Hibernate 就可以知道数据表产生主键的首选策略。

<id>元素可以包含的主要属性有：

①name 属性：持久化类中标识属性的名称。该属性可选。

②type 属性：持久化类中标识属性的数据类型。该类型可用 Hibernate 内建类型表示，也可以用 Java 类型表示。当使用 Java 类型表示时，需使用全限定类名。该属性可选。

③column 属性：数据表中主键列的名称。该属性可选。

<id>元素中还可以包含一个可选的<generator>子元素。<generator>子元素指定了主键的生成方式。对于不同的关系数据库和业务应用来说，其主键生成方式往往是不同的。有时可能依赖数据库自增字段生成主键，有时则由具体的应用逻辑来决定。而通过<generator>子元素，就可以指定这些不同的实现方式，Hibernate 需要知道生成主键的首选策略。

Hibernate 中可以通过<generator>子元素来指定主键生成方式，<generator>用来为持久化类的实例生成一个唯一标识。Hibernate 提供了以下几个内置的主键生成器策略。

① assigned（org.hibernate.id.Assigned）：由应用程序负责为 OID 赋值，适用于自然主键，不推荐使用。

② increment（org.hibernate.id.IncrementGenerator）：以递增的方式为整型代理主键生成唯一的对象标识符，增量为 1。OID 必须为 short、int、long 型。适用于所有数据库，但对同一数据库进行操作时，只能使用单个进程，即存在并发问题。

③ identity（org.hibernate.id.IdentityGenerator）：根据具体数据库，为代理主键实现主键的自动增长，OID 必须为 short、int、long 型。适用的数据库有 Microsoft SQL Server、MySQL、DB2 和 SyBase。

④ sequence（org.hibernate.id.SequenceGenerator）：为实现自动增长的数据库（支持使用 sequence）的代理主键生成对象标识符，OID 必须为 short、int、long 型。适用的数据库有 Oracle、DB2、InterBase 和 PostgreSQL。

⑤ hilo（org.hibernate.id.TableHiloGenerator）：使用 high/low 算法为代理主键生成对象标识符，OID 必须为 short、int、long 型。

⑥ seqhilo（org.hibernate.id.SequenceHiloGenerator）：使用高/低位算法，根据数据库序列为代理主键生成对象标识符，OID 必须为 short、int、long 型。

⑦ uuid（org.hibernate.id.UUIDHexGenerator）：采用 128 位的 uuid 算法为代理主键生成对象标识符。

⑧ native：根据底层数据库支持的主键自动生成方式，为代理主键自动从 identity、sequence 和 hilo 中选择合适的对象标识符生成方式。

（4）property 元素

Hibernate 通过<property>元素将持久化类中的普通属性映射到数据库表的对应字段（列）上。

```
<!-- 属性/字段映射配置 -->
<property
    name="username"
```

```
    column="Name"
    type="java.lang.String"/>
```

在上面的代码中，name 指定映射类中的属性名；column 指定数库表中的对应字段名；type 指定映射字段的数据类型。

2. 使用注解方式完成实体类

完成对象关系映射除上面所述的配置 xml 文件的方式外，还有一种注解方式，使用该注解方式可以充分利用 Java 的反射机制获取类结构信息，可以有效减小配置的工作量。另外，注解和 Java 代码位于一个文件中，有助于增强程序的内聚性，便于程序员开发。

使用注解方式开发，需要掌握如下两点：一是要想进行注解方式开发，必须添加支持注解方式的 jar 包；二是要想进行注解方式开发，还需要掌握相应的注解标签。针对这两点，下面分别进行详细介绍。

（1）支持注解方式的 jar 包

除搭建 Hibernate 框架所需要的 jar 包外，进行注解方式开发，还需要如表 3-3 所示的 jar 包。

表 3-3　Hibernate 注解方式所需要的 jar 包

包名	作用
hibernate-annotations.jar	使用 Hibernate Annotation 的核心 jar 包
hibernate-commons-annotations.jar	使用 Hibernate Annotation 的核心 jar 包
ejb3-persistence.jar	实体类中使用的注解都是在这个 jar 包中定义的

（2）注解标签简介

本节仅介绍对单表的对象关系映射中所需要用到的注解标签，对于多表映射关系相关的注解将在下一章中进行介绍，在介绍这些标签时，将围绕实体类 Customer 的创建作为例子展开介绍。

① @Entity

@Entity 标签用在实体类声明语句之前，指出该 Java 类为实体类，将映射到指定的数据库表。如声明一个实体类 Customer，它将映射到数据库中的 customer 表上。例如：

```
import javax.persistence.Entity;
@Entity
public class Customer {}
```

② @Table

当实体类名与其映射的数据库表名不同时需要使用@Table 标签说明，该标签与@Entity 标签并列使用，置于实体类声明语句之前，可写在单独语句行中，也可与声明语句同行。@Table 标签的常用属性是 name，用于指明数据库的表名。@Table 标签还有另外几个属性：catalog 和 schema 用于设置表所属的数据库目录或模式，通常为数据库名；uniqueConstraints 属性用于设置约束条件，通常不需要设置。例如：

```
import javax.persistence.Entity;
import javax.persistence.Table;
@Entity
@Table(name="mytable")
public class Customer {}
```

③ @Id

@Id 标签用于声明一个实体类的属性映射为数据库的主键列。该属性通常置于属性声明语句之前，可与声明语句同行，也可写在单独行上。@Id 标签也可置于属性的 getter 方法之前。

④ @GeneratedValue

@GeneratedValue 用于标记主键的生成策略，通过 strategy 属性指定。在默认情况下，系统会自动选择一个最适合底层数据库的主键生成策略：SQL Server 对应 identity，MySQL 对应 auto increment。

在 javax.persistence.GenerationType 中定义了以下几种可供选择的策略。

IDENTITY：采用数据库 ID 自增长的方式自增主键字段，Oracle 不支持这种方式。

AUTO：自动选择合适的策略，是默认选项。

SEQUENCE：通过序列产生主键，通过 @SequenceGenerator 注解指定序列名，MySQL 不支持这种方式。

TABLE：通过表产生主键，框架借由表模拟序列产生主键，采用该策略可以使应用更易于数据库移植。

注意：以上这些都是自动生成主键的策略，若主键需要由程序生成，则不需配置主键生成策略。

对于@Id 和@GeneratedValue 标签，举例如下：

```
import javax.persistence.Entity;
import javax.persistence.GeneratedValue;
import javax.persistence.GenerationType;
import javax.persistence.Id;
import javax.persistence.Table;
@Entity
@Table(name="mytable")
public class Customer {
    @Id
    @GeneratedValue(strategy=GenerationType.AUTO)
    private String cid;
    public String getCid() {
        return cid;
    }
    public void setCid(String cid) {
        this.cid = cid;
    }}
```

⑤ @Basic

@Basic 表示一个简单的属性到数据库表的字段的映射，对于没有任何标签的 getXxxx() 方法，默认注解标签为@Basic，@Basic 标签常用的属性有 fetch 和 optional。

fetch：表示该属性的读取策略，有 EAGER 和 LAZY 两种，分别表示主支抓取和延迟加载，默认为 EAGER。optional：表示该属性是否允许为 null，默认为 true。

⑥ @Column

当实体的属性与其映射的数据库表的列不同名时需要使用@Column 标签说明，该属性通常置于实体的属性声明语句之前，还可与 @Id 标签一起使用。

@Column 标签的常用属性是 name，用于设置映射数据库表的列名。此外，该标签还包含其他多个属性，如 unique、nullable、length 等。

@Column 标签的 columnDefinition 属性表示该字段在数据库中的实际类型。通常，ORM 框架可以根据属性类型自动判断数据库中字段的类型，但是对于 Date 类型仍无法确定数据库中字段类型究竟是 DATE、TIME，还是 TIMESTAMP。此外，String 的默认映射类型为 VARCHAR，也可以将 String 类型映射到特定数据库的 BLOB 或 TEXT 字段类型。另外，@Column 标签也可置于属性的 getter 方法之前。

⑦ @Transient

表示该属性并非一个到数据库表的字段映射，ORM 框架将忽略该属性。如果一个属性并非到数据库表的字段映射，就务必将其标示为@Transient，否则 ORM 框架默认将其注解为@Basic。

在实际应用中有很多这样的情况，并不是类的所有属性都需要映射到数据表中，例如在线书城的购物车类中的购买数量，在数据表中没有与这个属性对应的字段，这时可以为这个字段加上@Transient 注解；否则系统将自动加上@Basic，就会映射到数据表中了。

⑧ @Temporal

在核心的 Java API 中并没有定义 Date 类型的精度（temporal precision），而在数据库中，表示 Date 类型的数据有 DATE、TIME 和 TIMESTAMP 三种精度（单纯的日期、时间，或者两者兼备）。在进行属性映射时可使用@Temporal 注解来调整精度。

【例 3-2】 编写部门类，以注解方式完成实体类的编写。

```
import javax.persistence.Basic;
import javax.persistence.Column;
import javax.persistence.Entity;
import javax.persistence.GeneratedValue;
import javax.persistence.Id;
import javax.persistence.Table;
import javax.persistence.Transient;
@Entity
@Table(name="dtab")
public class Department {
    @Id
    @GeneratedValue
    private String did;
    private String dname;
    private String daddr;
    @Column(name="deptid")
    public String getDid() {
        return did;
    }
    public void setDid(String did) {
        this.did = did;
    }
    @Basic    //可以缺省
    public String getDname() {
```

```
        return dname;
    }
    public void setDname(String dname) {
        this.dname = dname;
    }
    @Transient
    public String getDaddr() {
        return daddr;
    }
    public void setDaddr(String daddr) {
        this.daddr = daddr;
    }
}
```

程序说明：

对于@GeneratedValue 和@Transient 再进行以下特别说明。

（1）此例中的@GeneratedValue 形式的配置等价于@GeneratedValue(strategy=GenerationType.AUTO)，系统会自动选择一个最适合底层数据库的主键生成策略：SQL Server 对应 identity，MySQL 对应 auto increment。

若@GeneratedValue 注解缺省，也就是说不配置主键生成策略，则主键由程序生成。类似于配置 xml 文件方式中主键策略 assigned。

（2）此例中的 daddr 属性前配置了@Transient 注解，这表示该属性并非一个到数据库表的字段的映射，在对应的数据库表中将不会产生该属性对应的字段。

3.2.3 hibernate.cfg.xml

Hibernate 框架的配置文件主要用来配置数据库连接参数，例如，数据库的驱动字符串、连接字符串 URL、用户名和密码、数据库方言等。它有两种格式：hibernate.cfg.xml 和 hibernate.properties。两者的配置内容基本相同，但使用前者比后者更方便，例如，hibernate.cfg.xml 可以在其<mapping>子元素中定义用到的 xxx.hbm.xml 映射文件列表，而使用 hibernate.properties 则需要在程序中以硬编码方式指明映射文件。hibernate.properties 属于 hibernate 早期版本的配置文件，是 hibernate 的默认的配置文件，而现在用得比较多的是 hibernate.cfg.xml，因此，读者在 hibernate 框架开发时，不要将这两个文件放在同一目录下。

Hibernate 配置文件的根元素是 hibernate-configuration 元素，该元素中包含子元素 session-factory。session-factory 中又可以包含很多 property 元素，这些 property 元素用来对 Hibernate 连接数据库的一些重要信息进行配置。使用 property 元素可以配置数据库的 URL、用户名、密码、数据库方言等信息。

在实际项目中，常常需要用后台数据库保存项目中的数据，因此，在 Hibernate 中对数据库连接的配置就显得格外重要。在 Hibernate 中配置数据库连接正是在 hibernate.cfg.xml 文件中完成的，只需要掌握一些简单的配置属性，就可以完成数据库连接的配置。

【例 3-3】 编写项目 chapter3 的 hibernate.cfg.xml 文件。

在 src 的根目录下面编写 xml 文件 hibernate.cfg.xml，代码如下：

```
<?xml version="1.0" encoding="UTF-8"?>
<!DOCTYPE hibernate-configuration PUBLIC
    "-//Hibernate/Hibernate Configuration DTD 3.0//EN"
    "http://hibernate.sourceforge.net/hibernate-configuration-3.0.dtd">
<hibernate-configuration>
<session-factory name="test">
<!-- 数据库相关配置 -->
<property name="hibernate.connection.driver_class">oracle.jdbc.driver. OracleDriver
</property><!--driver  -->
<property name="hibernate.connection.url">jdbc:oracle:thin:@localhost:1521:orcl
</property><!--url  -->
<property name="hibernate.connection.username">xiaohua</property><!--username  -->
<property name="hibernate.connection.password">m123</property><!--pwd  -->
<!-- 配置方言 -->
<property name="hibernate.dialect">org.hibernate.dialect.OracleDialect</property>
<!-- 配置显示格式 -->
 <property name="hibernate.show_sql">true</property>
<property name="hibernate.format_sql">true</property>
<mapping resource="com/hkd/entity/Employee.hbm.xml"/>
</session-factory>
</hibernate-configuration>
```

程序说明：

（1）不同数据库的驱动字符串、连接字符串、方言是不同的，在Hibernate中配置的驱动字符串、连接字符串的作用和传统JDBC方式是相同的，在此不再赘述；而方言的配置在以前的JDBC方式中是没有的，可以把方言理解为“解释器”，因为Hibernate要完成统一数据持久层代码的工作，为了让Hibernate能够支持很多种数据库，必须设置方言属性，从而使得Hibernate能够“读懂”各种不同的数据库。Oracle数据库的方言如此例所示，MySQL数据库的方言为org.hibernate.dialect.MySQLDialect。

（2）<property name="hibernate.show_sql">true</property>配置表示要现实相应的SQL语句。如果需要格式化显示SQL语句，则需要配置<property name="hibernate.format_sql">true</property>。

（3）<mapping resource="com/hkd/entity/Employee.hbm.xml"/>表示加载配置好的映射文件，但如果实体类是以注解方式书写的，则如何实现加载呢？可以采用下面的方法进行加载：<mapping class="com.hkd.entity.Department"/>。

3.2.4 实现由对象模型生成关系模型

在完成以上这些准备工作之后，就可以通过测试代码实现由对象模型向关系模型的转换。在本节中通过两个例题，分别来完成配置映射文件方式下的对象模型向关系模型转换和注解方式下的对象模型向关系模型转换。

例3-3 通过测试代码实现员工表的生成，完成由对象模型向关系模型的转换。

在chapter3项目的src文件夹下创建com.hkd.test包，在该包下创建单元测试类ORMTest.java，编写测试函数，如下所示：

```
public class ORMTest {
    @Test
    public void createEmp()
```

```
    {
        //加载 hibernate.cfg.xml
        Configuration cfg=new Configuration().configure();
        //创建 SchemaExport 对象
        SchemaExport export = new SchemaExport(cfg);
        //创建数据库表
        export.create(true,true);
    }
}
```

运行测试函数，在控制台 Console 下面显示：

```
drop table emp cascade constraints
    create table emp (
        eid varchar2(255) not null,
        ename varchar2(255),
        primary key (eid)
    )
```

这表示 Emp 表已经生成，登录 Oracle 系统，会发现 Emp 表已经存在了。

```
SQL> desc emp;
Name  Type          Nullable Default Comments
----- ------------- -------- ------- --------
EID   VARCHAR2(255)
ENAME VARCHAR2(255) Y
```

【例 3-4】 通过测试代码实现部门表的生成，完成由对象模型向关系模型的转换。

为了测试方便，首先对 hibernate.cfg.xml 中加载映射文件的语句进行注释，然后加入加载注解实体类的语句，如下所示。

```
<!-- <mapping resource="com/hkd/entity/Employee.hbm.xml"/> -->
<mapping class="com.hkd.entity.Department"/>
```

这时，如果直接运行测试函数，则会出现如下异常。

```
    org.hibernate.MappingException: An AnnotationConfiguration instance is required
to use <mapping class="com.hkd.entity.Department"/>
```

这是因为对于注解方式的实体类，完成由对象模型向关系模型的转换代码和例 3-3 的代码有所不同，具体代码如下所示：

```
@Test
public void createDept()
{
Configuration config = new AnnotationConfiguration().configure("hibernate.cfg.xml");
SchemaExport export = new SchemaExport(config);
export.create(true, true);
}
```

程序说明：

程序中 AnnotationConfiguration 类是 Configuration 的子类，如果 Hibernate 框架的核心配置文件 hibernate.cfg.xml 中加载的是注解类，则需要由 AnnotationConfiguration 类的 configure 方法来对 hibernate.cfg.xml 进行加载。

运行测试函数，在控制台 Console 下面显示：

```
create table dtab (
        did varchar2(255) not null,
        daddr varchar2(255),
        dname varchar2(255),
        primary key (did)
    )
```

登录 oracle 系统进行查看，会发现 dtab 表已经存在了。

3.3 Hibernate 框架开发步骤

本节将重点介绍利用 Hibernate 框架进行数据持久化开发的操作步骤。在用 Hibernate 框架进行开发的时候，通常需要如图 3-4 所示的 7 个步骤。

从图 3-4 的开发步骤中可以看到，在利用 Hibernate 框架进行持久化开发时，所用到的接口和类主要有如下几个：Configuration 类、SessionFactory 接口、Session 接口、Transaction 接口。下面对这些常用的接口和类进行详细的介绍。

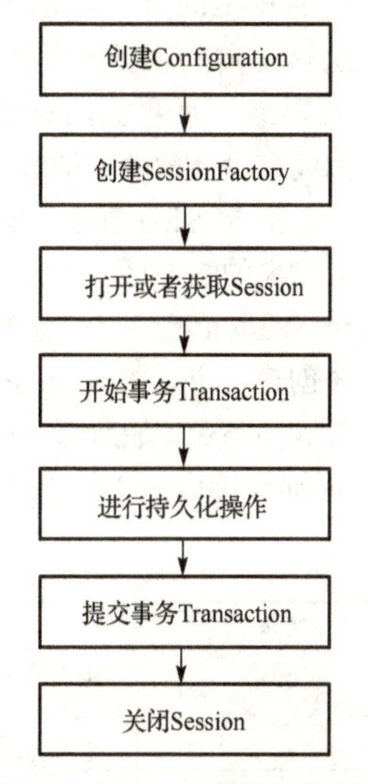

图 3-4 Hibernate 框架开发步骤

1. Configuration 类

Configuration 类的主要作用是解析 Hibernate 的配置文件和映射文件中的信息，即负责管理 Hibernate 的配置信息。一个应用程序只创建一个 Configuration 对象。在启动 Hibernate 的过程中，Configuration 实例首先确定 Hibernate 映射文件的位置，然后读取相关的配置，最后创建一个唯一的 SessionFactory 实例，这个唯一的 SessionFactory 实例负责进行所有的持久化操作。

Configuration 对象只存在于系统的初始化阶段。调用 Hibernate API 进行对象持久化操作的第一步就是创建 Configuration 类的实例。创建 Configuration 类的实例的方法如下所示。

```
Configuration config = new Configuration( ).configure() ;
```

调用它后，Hibernate 会自动在 classpath 中搜寻 Hibernate 配置文件；在 Java Web 应用中，Hibernate 会自动在 WEB-INF/classes 目录下搜寻 Hibernate 配置文件，并将其内容加载到内存中，为后续工作做好准备。

2. SessionFactory 接口

SessionFactroy 接口负责初始化 Hibernate。它充当数据存储源的代理，并负责创建 Session

对象。可以通过 Configuration 实例的 buildSessionFactory 方法构建 SessionFactory 对象。

```
SessionFactory sessionFactory = config.bulidSessionFactory():
```

通常，一个应用程序中只有一个 SessionFactory 实例，并且该 SessionFactory 实例是不能改变的。但当项目中要操作多个数据库时，则必须为每个数据库指定一个 SessionFactory。SessionFactory 主要用来负责建立 Session 对象。可以通过接口提供的两个方法（openSession 方法和 getCurrentSession 方法）来创建 Session 对象。openSession 方法和 getCurrentSession 方法的主要区别是：当采用 openSession 方法获取 Session 实例时，SessionFactory 直接创建一个新的 Session 实例。而采用 getCurrentSession 方法创建的 Session 实例会被绑定到当前线程中。采用 openSession 方法创建的 Session 实例，在使用完成后需要调用 close 方法进行手动关闭。而采用 getCurrentSession 方法创建的 Session 实例则会在提交（commit）或回滚（rollback）操作时自动关闭。

SessionFactory 是线程安全的，可以被多个线程调用。但 SessionFactory 是重量级的，构造 SessionFactory 很消耗资源，因此，不要随意创建和销毁它的实例。

3．Session 接口

在 Hibernate 中，实例化的 Session 是一个轻量级的类，创建和销毁它都不会占用很多资源。这对于实际项目开发是非常重要的，因为在客户端程序中，可能会不断地创建及销毁 Session 对象，如果 Session 的开销太大，则会给系统带来不良影响。但 Session 不是线程安全的，因此在设计软件构架时应避免多个线程共享一个 Session 实例。

可以把 Session 看成介于数据连接与事务管理的一种中间接口，可以将 Session 想象成一个持久对象的缓冲区，Hibernate 能检测到这些持久对象的改变，并及时刷新数据库。通常，将每个 Session 实例和一个数据库事务绑定，也就是说，每执行一个数据库事务（操作），都应该先创建一个新的 Session 实例。如果事务执行中出现异常，则应撤销事务；同时，不论事务执行成功与否，最后都应该调用 Session 的 close()方法，从而释放 Session 实例占用的资源。

Session 接口的持久化操作方法如表 3-4 所示。

表 3-4　Session 接口的持久化操作方法

方法	作用
save()方法	将对象加入缓存中，同时标识为 Persistent 状态。根据映射文件中的配置信息生成实体对象的唯一标识符。生成计划执行的 INSERT 语句。此时并不会立刻执行 INSERT 语句，而是要在事务结束或此操作为后续操作的前提的情况下，才会执行 INSERT 语句
update()方法	update()方法的主要作用是根据对象的标识符更新持久化对象相应的数据，和执行数据库的 UPDATE 语句是类似的
saveOrUpdate()方法	saveOrUpdate()方法可以根据不同情况对数据库执行 INSERT 或 UPDATE 操作
delete()方法	delete()方法的作用是删除实例所对应的数据库中的记录，相当于执行数据库中的 DELETE 语句
get()方法	get()方法是通过标识符得到指定类的持久化对象。如果对象不存在，则返回值为空
load()方法	load()方法和 get()方法一样都是通过标识符得到指定类的持久化对象。但是要求持久化对象必须存在，否则会产生异常

4．Transaction 接口

Hibernate 提供了一套称为 Transaction 的封装 API 来实现事务，事务的最主要的特点就是原子性，事务相关的一组操作要么同时成功，要么同时失败。Transaction 接口的常用操作有事务提交（commit）和事务回滚（rollback）。

Hibernate 将事务机制融入其框架开发之中，当程序执行过 Session 接口的持久化方法后，对象数据并没有立即存入数据表，而是处于一种持久态（Persistent），只有执行了 Transaction 接口的 commit 方法后，对象数据才作为数据表的一条记录存入数据表。在传统的 JDBC 开发中，即便不使用事务，程序也可以通过执行 INSERT 语句将数据存入数据表；而 Hibernate 开发方式，如果没有事务，数据是无法存入数据表的，对于更新和删除也是这样的，也就是说离开了事务，Hibernate 将无法进行持久化操作。

【例 3-5】 以 Hibernate 的方式实现对员工表数据的插入。

在测试类 ORMTest 中编写测试方法 testDml()，代码如下：

```
@Test
    public void testInsert()
    {
        //1.创建 configuration
        Configuration cfg=new Configuration().configure();
        //2.创建 sessionfactory
        SessionFactory sf=cfg.buildSessionFactory();
        //3.打开 session
        Session session=sf.openSession();
        //4.开启事务
        Transaction ts=null;
        try {
            ts=session.beginTransaction();
            Employee employee=new Employee();
            employee.setEname("tom");
            //5.执行持久化操作
            session.save(employee);
            //6.提交事务
            ts.commit();
        } catch (HibernateException e) {
            ts.rollback();
        }
        finally
        {
            //7.关闭资源
            session.close();
        }
    }
```

运行该程序。

控制台 Console 下面显示：

```
Hibernate: insert into emp (ename, eid) values (?, ?)
```

查看数据表：

```
EID                                                    ENAME
402881e664831b3a0164831b3db50001                       tom
```

这表示一条员工编号为“402881e664831b3a0164831b3db50001”、员工名称为 tom 的数据已经被插入数据库了，注意员工编号是以 uuid 的方式自动生成的。

程序说明：

（1）本例完全实践了 Hibernate 框架开发的 7 个步骤，对事务部分的代码需要进行异常处理，若出现异常，则需要调用 Transaction 接口的 rollback()方法进行回滚。另外需要注意，对以 openSession()方法得到的 Session，在使用结束后进行手动关闭。

（2）Hibernate 框架实现了对 JDBC 的封装，若和 JDBC 对数据库的操作做对比，则 Hibernate 框架开发的前两个步骤，即创建 Configuration、创建 SessionFactory 相当于创建数据库（表）。在一个系统内通常只创建一个数据库，因此 Configuration 和 SessionFactory 在一个应用程序中只有一个。Hibernate 框架开发步骤中的创建 Session 相当于 JDBC 操作中的建立连接，连接是可以建立多次的。在 Hibernate 框架开发步骤中开启事务，进行持久化操作、提交事务等操作可以和 JDBC 中的事务机制进行对照，在 Hibernate 框架开发步骤中关闭 Session 可以对照 JDBC 中的关闭连接。因此，可以看到 Hibernate 实际上就是在 JDBC 开发的基础上进行了再封装，这样做的优点之一就是可以提高程序的可复用性。

【例 3-6】 以 Hibernate 的方式实现对员工表的数据的更新和删除。

代码如下：

```
@Test
    public void testUpdateSignon()
    {
        Configuration cfg=new Configuration().configure();
        SessionFactory sf=cfg.buildSessionFactory();
        Session session=sf.openSession();
        Transaction ts=null;
        try {
            ts=session.beginTransaction();
            //必须根据主键进行 dml hibernate 中的更新
            Employee employee=new Employee();
            employee=(Employee) session.get(Employee.class, "402881e664831-
                        b3a0164831b3db50001");
            employee.setEname("jack");
            session.update(employee);
            ts.commit();
        } catch (HibernateException e) {
            //TODO Auto-generated catch block
            ts.rollback();
        }
        finally
        {
            session.close();
        }
    }
```

运行该程序。

控制台 Console 下面显示：

```
    Hibernate: select employee0_.eid as eid0_0_, employee0_.ename as ename0_0_ from
emp employee0_ where employee0_.eid=?
    Hibernate: update emp set ename=? where eid=?
```

查看数据表：

```
    EID                                        ENAME
    402881e664831b3a0164831b3db50001            jack
```

这表示数据更新已经成功了。

程序说明：

（1）在本章中，在进行更新和删除时，必须根据主键进行操作。这一点和以前的 JDBC 方式不同，在 JDBC 方式中，可以根据主键操作，也可以根据非主键操作。

（2）控制台下显示的 select 语句是由哪条语句产生的呢？在该例中是由 Session 接口的 get()方法产生的。get()方法可以根据某个对象的主键值找到该对象。load()方法和 get()方法一样，也可以通过主键值从数据库中加载一个持久化对象。Session 接口的这两个方法有什么区别呢？如果对象存在，则 get()方法和 load()方法没有区别，它们都可取得已初始化的对象；但当对象不存在且是立即加载时，使用 get()方法则返回 null，而使用 load()方法则弹出一个异常。因此使用 load()方法时，要确认查询的主键值一定是存在的，从这一点来讲，它不如 get()方法方便。

（3）要进行删除操作，同样也需要先通过 Session 接口的 get()或 load()方法找到要删除的对象，然后调用 Session 接口的 delete()方法，在此不再赘述。

3.4 项 目 案 例

在 Hibernate 框架开发中，把从对象模型向关系模型的转换称为正向项目，而把从关系模型向对象模型的转换称为反向项目或逆向项目。在本书中介绍时，例题通常以正向项目的方式进行介绍，而因为本书的项目案例已经设计并创建了相应的数据表，所以在实现项目案例时，一般从关系模型向对象模型进行转换，也就是说以反向项目的方式进行操作。在此统一进行说明，下面相关章节也以此方式进行介绍。

Hibernate 框架要完成的工作是数据持久层的编写，本书的数据持久层将采用 Dao 模式的方式来组织代码。Dao 模式包括 4 个主要部分：工具类 BaseDao、实体类、Dao 接口、Dao 实现类。下面将完成 Dao 模式代码的编写。

3.4.1 案例描述

本章计划完成 Signon、Category、Product 表等基础数据表的实体类的创建及映射文件的生成，完成在线书城项目 hibernate.cfg.xml 文件的编写，编写 BaseDao 工具类，实现对 Signon、Category、Product 表的持久化操作。

其中，对 Signon 表的相关操作代码将在下面的案例实施中详细介绍，而对 Category、Product 表的相关操作，读者可以参照对 Signon 表的操作代码自行完成。

3.4.2 案例实施

创建 Web 项目 OnLine_BookStore，首先通过导入 User Library 的方式导入 Hibernate 开发

需要的 jar 包，然后在 src 的根目录下面编写 xml 文件 hibernate.cfg.xml，代码可以参考本章的例 3-3，接下来以 Dao 模式的方式来实现对 Signon 表数据的持久化操作。

1．编写工具类 BaseDao

在 src 的根目录下，创建包 com.hkd.dao，在该包下编写工具类 BaseDao.java，该类封装了与持久化操作相关的属性及操作。例如，每个持久化操作都要先进行加载 Configuration、创建 SessionFactory 实例、打开 Session 等操作，所以可以把这些代码放在 BaseDao.java 类中。

```
package com.hkd.dao;
import java.util.List;
import org.hibernate.Query;
import org.hibernate.Session;
import org.hibernate.SessionFactory;
import org.hibernate.cfg.Configuration;
public class BaseDao {
    public static Configuration cfg;
    public static SessionFactory sf;
    public static Session session;
    static
    {
        cfg=new Configuration().configure();
        sf=cfg.buildSessionFactory();
        session=sf.openSession();
    }
    public static Configuration getCfg() {
        return cfg;
    }
    public static void setCfg(Configuration cfg) {
        BaseDao.cfg = cfg;
    }
    public static SessionFactory getSf() {
        return sf;
    }
    public static void setSf(SessionFactory sf) {
        BaseDao.sf = sf;
    }
    public static Session getSession() {
        return session;
    }
    public static void setSession(Session session) {
        BaseDao.session = session;
    }
}
```

2．Signon 表对应的实体类——Signon 类及映射文件

实体类——Signon 类中的属性要和 Signon 表中的字段一一对应，属性的类型要和表中字

段的类型一样，属性的名称虽然不需要和表中字段的名称一样，但为了操作方便，一般情况下，把属性的名称和表中字段的名称设置成一样。

按照这样的规则，编写实体类——Signon 类如下所示。注意：将 Signon 类创建在 src 的根目录下的包 com.hkd.entity 中，该包用来组织实体类。

```
package com.hkd.entity;
public class Signon {
    private String username;
    private String password;
    public String getUsername() {
        return username;
    }
    public void setUsername(String username) {
        this.username = username;
    }
    public String getPassword() {
        return password;
    }
    public void setPassword(String password) {
        this.password = password;
    }
}
```

在包 com.hkd.entity 下，编写映射文件 Signon.hbm.xml。注意：主键生成策略设置成 assigned，也就是说，主键由程序生成，而不是自动生成。

```
<?xml version="1.0" ?>
<!DOCTYPE hibernate-mapping PUBLIC
    "-//Hibernate/Hibernate Mapping DTD 3.0//EN"
    "http://hibernate.sourceforge.net/hibernate-mapping-3.0.dtd">
<hibernate-mapping package="com.hkd.entity">
<class name="Signon">
<id name="username">
<generator class="assigned">
</generator>
</id>
<property name="password"></property>
</class>
</hibernate-mapping>
```

注意：Signon 实体类和相应映射文件编写完成后，要将映射文件加载到 hibernate.cfg.xml 文件中。

```
<mapping resource="com/hkd/entity/Signon.hbm.xml"/>
```

需要说明的是，这里采用的是以编写映射文件的方式来实现对象关系映射。对于本章介绍的注解方式，读者可以自行编写测试。

3．编写 Dao 接口——SignonDao

Dao 接口中封装了可能对该表进行的数据库操作，例如增删改操作。接口的命名规范通常以类名开头，后缀为 Dao，例如 SignonDao。将 Dao 接口建立在 com.hkd.dao 目录下，代码如下：

```
package com.hkd.dao;
import com.hkd.entity.Signon;
public interface signonDao {
    public void insertSignon(String username,String password);
}
```

4．Dao 实现类——SignonDaoImp

Dao 实现类需要继承数据库工具类 BaseDao，并实现 Dao 接口，需要实现接口中的各抽象函数，Dao 实现类的类名命名规范通常为以类名开头，后缀为 DaoImp，例如 SignonDaoImp。在 src 下建立 com.hkd.daoimp，将 Dao 实现类建立在这个目录下。代码如下：

```
package com.hkd.daoImp;
import java.sql.SQLException;
import org.hibernate.HibernateException;
import org.hibernate.Transaction;
import com.hkd.dao.BaseDao;
import com.hkd.dao.SignonDao;
import com.hkd.entity.Signon;
public class SignonDaoImp extends BaseDao implements SignonDao{
    @Override
    public void insertSignon(String username, String password) {
        Transaction ts=null;
        try {
            ts=session.beginTransaction();
            Signon signon=new Signon();
            signon.setUsername(username);
            signon.setPassword(password);
            session.save(signon);
            ts.commit();
        } catch (HibernateException e) {
            if(null!=ts)
                ts.rollback();
            System.out.println("回滚!!!");
        }
    }
}
```

Signon 表数据持久层代码构建完成后，编写单元测试进行测试。在 OnLine_BookStore 项目下的 src 文件夹下创建 com.hkd.test 包，在该包下创建单元测试类 TestSignon.java，编写测试函数，如下所示：

```
package com.hkd.test;
import org.junit.Test;
```

```
import com.hkd.daoImp.SignonDaoImp;
public class TestSignon {
    @Test
    public void testSignon()
    {
        SignonDaoImp ssi=new SignonDaoImp();
        ssi.insertSignon("yuer", "xy123");
        }
}
```

运行该程序。

控制台 Console 下面显示：

```
Hibernate: insert into Signon (password, username) values (?, ?)
```

查看数据表：

```
USERNAME                   PASSWORD
-------------------------- --------------------------
yuer                       xy123
```

3.4.3　知识点总结

Hibernate 框架的搭建需要进行三项准备工作：首先准备 jar 包，然后准备实体类和映射文件，最后准备 hibernate.cfg.xml 文件。Hibernate 框架的开发需要 7 个步骤，这些知识点都在本项目案例的实现中都得到了体现。

本章主要完成项目案例的数据持久层代码。在本章中，该层的代码采用 Dao 模式编写，在 Dao 模式的具体实现中，不再使用传统的 JDBC 技术，而是采用 Hibernate 框架技术来实现。

3.4.4　拓展与提高

在本章的项目案例中，仅仅以 Signon 表为例，完成了 Signon 表相应的数据持久层代码，读者可以利用本章介绍的知识完成 Category、Product 表的数据持久层代码。另外，本章项目案例中对象关系映射是采用配置映射文件的方式完成的，读者可以利用本章介绍的知识，利用注解方式完成对象关系映射。

习　题　3

1．下面关于 Hibernate 的说法，错误的是（　　）。

　A．Hibernate 是一种“对象-关系映射”的实现

　B．Hibernate 是一种数据持久化技术

　C．Hibernate 是 JDBC 的替代技术

　D．使用 Hibernate 可以简化数据持久层的编码

2．以下哪个 Hibernate 主键生成策略是通用的实现主键按数值顺序递增策略？（　　）

　A．increment　　B．Identity　　C．sequence　　D．native

3．下面关于 SessionFactory 的说法，正确的是（　　）。

A．SessionFactory 是轻量级的接口，可以随意创建和销毁

B．SessionFactory 是重量级的接口，不可以随意创建和销毁

C．SessionFactory 是重量级的类，不可以随意创建和销毁

D．SessionFactory 是类

4．下面关于 Hibernate 中 load 和 get 方法的说法，正确的是（　　）。

A．两个方法是一样的，没有任何区别

B．两个方法是不一样的，get 先找缓存，再找数据库

C．两个方法是不一样的，load 每次都会找数据库

D．以上说法都不对

5．下面的程序执行后没有报错，但数据总保存不到数据库中，最可能的原因是（　　）。

```
public static void main(String[] args) {
SessionFactory sf =
new Configuration().configure().buildSessionFactory();
Session session = sf.openSession();
Medal medal = new Medal();
medal.setOwner("Shen Baozhi");
medal.setSport("Table Tennis-Women's Singles");
medal.setType("Gold Medal");
session.save(user);
session.close();
}
```

A．配置文件配置有误

B．没有在配置文件中包含对映射文件的声明

C．映射文件配置有误

D．没有开启事务

6．简述你对 Hibernate 的认识。

7．Hibernate 中常用的主键生成策略有哪些？请列举 4 种并进行说明。

8．描述 Hibernate 中持久化和 ORM 的概念

9．利用 Hibernate 实现持久化操作的步骤是什么？

10．搭建 Hibernate 框架的步骤是什么？

第4章　Hibernate关联映射关系

4.1　关联映射关系概述

在对象模型中，实体对应的是实例化的对象。在关系模型中，实体对应的是数据表。不管是对象模型中的对象和对象之间，还是关系模型中的数据表和表之间，它们都有如下关系。

（1）一对一关系（1:1）

例如，一个人只能有一个身份证，一个身份证只能对应一个人。

（2）一对多关系（1:*M*）

例如，某校教师与课程之间存在一对多的关系，即每位教师可以教多门课程，但是每门课程只能由一位教师来教。

（3）多对多关系（*M*:*N*）

例如，学生与课程间的关系是多对多的，即一个学生可以学多门课程，而每门课程可以有多个学生学。

关联映射是指Hibernate框架根据xml映射文件或注解方式对具有关联映射关系的持久化类进行持久化，在所生成的关系模型中，这种关联映射关系仍然存在。

下面将详细介绍各种关联映射关系。在介绍这些关系时，本章将首先建立具有关联映射关系的对象模型，然后编写相应的映射文件，最后根据映射文件生成相应的关系模型。

4.2　多对一和一对多关系

4.2.1　配置映射文件实现

1. 单向的多对一关系

在多对一关系中，“多”方为主控方，主控方对象持有外键，通过持有外键找到与之对应的对象。因此，在多对一关系中，“多”方对象包含一个与之关联的“一”方对象，这个对象以属性的方式存在对象中。

【例4-1】 以员工类和部门类为例，编写多对一关系的对象模型。

创建项目chapter4，在src文件夹下创建包com.hkd.entity，在该包下编写具有多对一关联映射关系的员工类和部门类。

员工类代码如下：

```
package com.hkd.entity;
public class Employee {
    String eid;
```

```
    String ename;
    Department dept;
    public Department getDept(){
        return dept;
    }
    public void setDept(Department dept){
        this.dept = dept;
    }
    public String getEid(){
        return eid;
    }
    public void setEid(String eid){
        this.eid = eid;
    }
    public String getEname(){
        return ename;
    }
    public void setEname(String ename){
        this.ename = ename;
    }
}
```

部门类代码如下：

```
package com.hkd.entity;
public class Department {
    private String did;
    private String dname;
    private String daddr;
    public String getDid(){
        return did;
    }
    public void setDid(String did){
        this.did = did;
    }
    public String getDname(){
        return dname;
    }
    public void setDname(String dname){
        this.dname = dname;
    }
    public String getDaddr(){
        return daddr;
    }
    public void setDaddr(String daddr){
        this.daddr = daddr;
    }
}
```

程序说明：在“多”方员工类中包含一个“一”方部门类的对象，这样从对象模型上首先构建起来多对一的关系。

接下来，还需要编写多对一关系的映射文件，因为目前配置的是单向的多对一关系，“多”方为主控方，单向的多对一关系，只需在“多”方映射文件中用<many-to-one>标签配置。而“一”方映射文件按传统方法配置即可。<many-to-one>标签的使用方法如下：

```
<many-to-one
        name="propertyName"
        column="column_name"
        class="ClassName"
        cascade="all|none|save-update|delete"
        outer-join="true|false|auto"
        update="true|false"
        insert="true|false"
        property-ref="propertyNameFromAssociatedClass"
        access="field|property|ClassName"/>
```

下面对<many-to-one>标签的各属性进行详细介绍，如表 4 -1 所示。

表 4-1　<many-to-one>标签属性介绍

属性名	作用
name	属性（数据成员）名
column（可选）	字段名
class（可选，默认为通过反射得到属性类型）	关联的类的名字
cascade（级联）（可选）	指明哪些操作会从父对象级联到关联的对象， cascade 属性允许下列值：all、save-update、delete、none。设置除 none 外的其他值会传播特定的操作到关联的（子）对象中
outer-join（外连接）（可选，默认为自动）	当设置 hibernate.use_outer_join 时，对这个关联允许外连接抓取。outer-join 参数允许下列 3 个不同值。auto（默认）：如果被关联的对象没有代理（Proxy），使用外连接抓取关联（对象）；true：一直使用外连接来抓取关联；false：永远不使用外连接来抓取关联
update、insert（可选，默认为 true）	指定对应的字段是否在用于 UPDATE 和/或 INSERT 的 SQL 语句中包含。如果二者都是 false，则这是一个纯粹的“衍生（Derived）”关联，它的值是通过映射到同一个（或多个）字段的某些其他属性得到的，或者通过 Trigger（触发器），或者其他程序
property-ref（可选）	指定关联类的一个属性，这个属性将会和本外键相对应。如果没有指定，则使用对方关联类的主键
access（可选，默认为 property）	Hibernate 用来访问属性的策略

【例 4-2】 以员工类和部门类为例，编写多对一关系的映射文件。

部门类映射文件如下：

```
<?xml version="1.0" encoding="UTF-8"?>
<!DOCTYPE hibernate-mapping PUBLIC
    "-//Hibernate/Hibernate Mapping DTD 3.0//EN"
    "http://hibernate.sourceforge.net/hibernate-mapping-3.0.dtd">
<hibernate-mapping package="com.hkd.entity">
<class name="Department" table="dept">
<!-- 配置主键 -->
<id name="did">
```

```
<generator class="assigned"/>
</id>
<!-- 配置其他成员 -->
<property name="dname"/>
<property name="daddr"/>
</class>
</hibernate-mapping>
```

员工类映射文件如下：

```
<?xml version="1.0" encoding="UTF-8"?>
<!DOCTYPE hibernate-mapping PUBLIC
    "-//Hibernate/Hibernate Mapping DTD 3.0//EN"
    "http://hibernate.sourceforge.net/hibernate-mapping-3.0.dtd">
<hibernate-mapping package="com.hkd.entity">
<class name="Employee" table="emp">
<!-- 配置主键 -->
<id name="eid">
<generator class="assigned"/>
</id>
<!-- 配置其他成员 -->
<property name="ename"/>
<!-- 配置关联属性 -->
<many-to-one name="dept" column="did"/>
</class>
</hibernate-mapping>
```

编写 hibernate.cfg.xml 文件（该文件可以参考第 3 章 3.2.3 节例 3-3 代码），并将这些映射文件加载到其中，代码如下：

```
<mapping resource="com/hkd/entity/Employee.hbm.xml"/>
<mapping resource="com/hkd/entity/Department.hbm.xml"/>
```

另外，在 hibernate.cfg.xml 文件中还需要添加如下属性代码：

```
<property name="hibernate.hbm2ddl.auto">update</property>
```

hibernate.hbm2ddl.auto 的值有 4 个选项：create-drop、create-drop、update、validate，每个选项的具体含义如表 4-2 所示。

表 4-2 hibernate.hbm2ddl.auto 属性的可选值

hibernate.hbm2ddl.auto 属性值	作用
create-drop	每次加载 hibernate 时根据 model 类生成表，但是 sessionFactory 一关闭，就自动删除表
create-drop	每次加载 hibernate 时都会删除上一次生成的表，然后根据 model 类再生成新表
update	第一次加载 hibernate 时根据 model 类会自动建立起表的结构，以后加载 hibernate 时根据 model 类自动更新表结构，即使表结构改变了但表中的行仍然存在，不会删除以前的行。需要注意的是，当部署到服务器后，表结构不会被马上建立起来，要等应用第一次运行起来后才会被建立
validate	每次加载 hibernate 时，验证创建数据库表结构，只会和数据库中的表进行比较，不会创建新表，但会插入新值

在 hibernate.hbm2ddl.auto 的可选值中，update 属性值是最常用的一个。如果在 hibernate.cfg.xml 文件中配置属性 hibernate.hbm2ddl.auto 的值为 update，则第一次加载 hibernate 时会根据实体类自动建立表的结构。在第 3 章中为了测试 Hibernate 环境搭建是否成功，我们使用了如下代码：

```
Configuration cfg=new Configuration().configure();
SchemaExport export = new SchemaExport(cfg);
export.create(true,true);
```

而在本章中，在 hibernate.cfg.xml 文件中配置属性 hibernate.hbm2ddl.auto 的值为 update，则不需要再使用上面三条语句就可以实现持久化操作。

【例 4-3】 实现对员工类和部门类的持久化操作。

在包 com.hkd.test 下编写单元测试类 TestManytoOne，在该类中编写单元测试函数 testInsert()，实现对员工表和部门表的数据的插入。代码如下。

```
public class TestManytoOne{
    @Test
    public void testInsert()
    {
        //1.创建 configuration
        Configuration cfg=new Configuration().configure();
        //2.创建 session 工厂
        SessionFactory sf=cfg.buildSessionFactory();
        //3.打开 session
        Session session=sf.openSession();
        //4.开启事务
            Transaction ts=null;
        try {
            ts=session.beginTransaction();
            Employee emp=new Employee();
            Department dept=new Department();
            dept.setDid("d1001");
            dept.setDname("人事部");
            dept.setDaddr("致远楼");
            emp.setEid("e1001");
            emp.setEname("张三");
            emp.setDept(dept);
            session.save(dept);
            session.save(emp);
            ts.commit();
        } catch (HibernateException e){
            // TODO Auto-generated catch block
            if(ts!=null)
            ts.rollback();
        }finally
        {
            session.close();
```

```
        }
    }
}
```

运行该程序。

控制台 Console 下面显示：

```
Hibernate: insert into dept (dname, daddr, did)values (?, ?, ?)
Hibernate: insert into emp (ename, did, eid)values (?, ?, ?)
```

查看数据表，在表 Emp 和表 Dept 中各插入一条数据。

查看数据表结构，在生成的关系模型 Emp 表中产生了一个外键 DID，这说明在根据 xml 映射文件所生成的关系模型中，多对一的映射关系是仍然存在的。由此可以反证对象模型的编写和关联映射文件的编写都是正确的。

2. 单向的一对多关系

在一对多关系中，“一”方为主控方，主控方“一”方的对象中包含多个与之关联的“多”方对象，这些“多”方对象通常以集合属性的形式定义在“一”方对象中。

下面以国家和城市为例来建立一对多的对象模型和映射文件。

【例 4-4】 编写体现一对多关系的国家类和城市类。

一个国家可以拥有多个城市，而一个城市通常对应于一个国家。在包 com.hkd.entity 下编写能体现一对多关系的对象模型。

城市类代码如下：

```
package com.hkd.entity;
public class City {
    private String cid;
    private String cname;
    public String getCid(){
        return cid;
    }
    public void setCid(String cid){
        this.cid = cid;
    }
    public String getCname(){
        return cname;
    }
    public void setCname(String cname){
        this.cname = cname;
    }
    }
```

国家类代码如下：

```
package com.hkd.entity;
import java.util.HashSet;
import java.util.Set;
public class Country {
```

```
    private String coid;
    private String coname;
    Set<City> cset=new HashSet<City>();
    public String getCoid(){
        return coid;
    }
    public void setCoid(String coid){
        this.coid = coid;
    }
    public String getConame(){
        return coname;
    }
    public void setConame(String coname){
        this.coname = coname;
    }
    public Set<City> getCset(){
        return cset;
    }
    public void setCset(Set<City> cset){
        this.cset = cset;
    }
}
```

接下来，还需要编写一对多关系的映射文件，因为目前配置的是单向的一对多关系，“一”方为主控方，所以只需在“一”方映射文件中用<set>标签和<one-to-many>标签配置。而“多”方映射文件按传统方法配置即可。<set>和<one-to-many>标签的使用方法如下。

<set>标签常用属性如表 4-3 所示。

表 4-3　<set>标签常用属性

属性名	作用
name	属性（数据成员）名
lazy	懒加载，也叫延迟加载，set 标签中的懒加载策略有三个取值：true、false、extra
cascade（级联）（可选）	指明哪些操作会从父对象级联到关联的对象，cascade 属性允许下列值：all、save-update、delete、none。设置除 none 以外的其他值会传播特定的操作到关联的（子）对象中

<set>标签常用的子标签有<key>标签和<one-to-many>标签。

其中，<key>标签的用法如下：

```
<key column="coid"></key>
```

其中，column 的值为副（从）表的外键。副（从）表通常是主表的主键，但也有特殊情况。

<one-to-many>标签的用法如下：

```
<one-to-many class="City"/>
```

其中，class 表示副（从）表所对应的实体类。

【例 4-5】 编写国家类和城市类的关联映射文件。

城市类的映射文件为：

```
<?xml version="1.0" encoding="UTF-8"?>
<!DOCTYPE hibernate-mapping PUBLIC
    "-//Hibernate/Hibernate Mapping DTD 3.0//EN"
    "http://hibernate.sourceforge.net/hibernate-mapping-3.0.dtd">
<hibernate-mapping package="com.hkd.entity">
<class name="City">
<!-- 配置主键 -->
<id name="cid">
<generator class="assigned"/>
</id>
<!-- 配置其他成员 -->
<property name="cname"/>
</class>
</hibernate-mapping>
```

国家类的映射文件为：

```
<?xml version="1.0" encoding="UTF-8"?>
<!DOCTYPE hibernate-mapping PUBLIC
    "-//Hibernate/Hibernate Mapping DTD 3.0//EN"
    "http://hibernate.sourceforge.net/hibernate-mapping-3.0.dtd">
<hibernate-mapping package="com.hkd.entity">
<class name="Country">
<!-- 配置主键 -->
<id name="coid">
<generator class="assigned"/>
</id>
<!-- 配置其他成员 -->
<property name="coname"/>
<set name="cset"><!-- 使用 set 集合，name 表示的是成员变量的名称  -->
<!--lazy true false -->
<!-- all none save-update delete -->
<key column="coid"></key><!-- 副表的外键（一般情况下就是主表的主键） -->
<one-to-many class="City"/><!-- 副表所对应的实体类  -->
</set>
</class>
</hibernate-mapping>
```

将这些映射文件加载在 hibernate.cfg.xml 文件中，代码如下：

```
<mapping resource="com/hkd/entity/city.hbm.xml"/>
<mapping resource="com/hkd/entity/country.hbm.xml"/>
```

【例 4-6】 编写测试类实现对国家类和城市类的持久化。

```
package com.hkd.test;
import java.util.HashSet;
import java.util.Set;
import org.hibernate.HibernateException;
import org.hibernate.Session;
```

```
import org.hibernate.SessionFactory;
import org.hibernate.Transaction;
import org.hibernate.cfg.Configuration;
import org.junit.Test;
import com.hkd.entity.City;
import com.hkd.entity.Country;
public class TestOneToMany{
    @Test
    public void testInsert()
    {
        //1.创建 configuration
        Configuration cfg=new Configuration().configure();
        //2.创建 session 工厂
        SessionFactory sf=cfg.buildSessionFactory();
        //3.打开 session
        Session session=sf.openSession();
        //4.开启事务
            Transaction ts=null;
        try {
            ts=session.beginTransaction();
            City city1=new City();
            City city2=new City();
            Country country=new Country();
            city1.setCid("c001");
            city1.setCname("洛阳");
            city2.setCid("c002");
            city2.setCname("开封");
            Set<City> cset=new HashSet<City>();
            cset.add(city1);cset.add(city2);
            country.setCoid("co001");
            country.setConame("中国");
            country.setCset(cset);
            session.save(city1);
            session.save(city2);
            session.save(country);
            ts.commit();
        } catch (HibernateException e){
            // TODO Auto-generated catch block
            if(ts!=null)
            ts.rollback();
        }finally
        {
            session.close();
        }
    }
}
```

运行该程序。

控制台 Console 下面显示：

```
Hibernate: insert into City (cname, cid)values (?, ?)
Hibernate: insert into City (cname, cid)values (?, ?)
Hibernate: insert into Country (coname, coid)values (?, ?)
Hibernate: update City set coid=? where cid=?
Hibernate: update City set coid=? where cid=?
```

查看数据表，表 City 中有两条数据，表 Country 中有一条数据。

查看数据表结构，表 City 的结构如下：

```
Name   Type          Nullable Default Comments
----- ------------- -------- ------- --------
CID    VARCHAR2(255)
CNAME VARCHAR2(255)Y
COID   VARCHAR2(255)Y
```

表 Country 结构如下：

```
Name    Type          Nullable Default Comments
------ ------------- -------- ------- --------
COID    VARCHAR2(255)
CONAME VARCHAR2(255)Y
```

这说明外键 coid 是建立在“多”方 City 表中了，结合例 4-3 可以看到，不论是一对多还是多对一关系，不论“多”方是否为主控方，外键都是建立在“多”的一方的。对于一对多或者多对一关系，外键是不能建立在“一”方的，若外键建立在了“一”方，则不能实现一对多或者多对一关系。

3．双向的一对多和多对一关系

单向关联关系只需在主控方的对象模型及相应的映射文件中进行设置。在实际应用中，双向多对一（或双向一对多）关联映射经常被使用，双向多对一关联是单向多对一和单向一对多的组合，配置双向关系，不仅需要对主控方的对象模型进行设置，还需要对非主控方的对象模型进行设置，对主控方或非主控方相应的映射文件都需要进行对应的设置。

可以在例 4-4 的基础上，在“多”的一方 City 类中，添加一个“一”的一方的对象，从而从对象模型中建立起来双向的关联关系。

对象模型中 City 类的代码如下：

```
package com.hkd.entity;
public class City {
    private String cid;
    private String cname;
    Country country;
    public String getCid(){
        return cid;
```

```
    }
    public void setCid(String cid){
        this.cid = cid;
    }
    public String getCname(){
        return cname;
    }
    public void setCname(String cname){
        this.cname = cname;
    }
    public Country getCountry(){
        return country;
    }
    public void setCountry(Country country){
        this.country = country;
    }
    }
```

然后在 City 类的映射文件中添加多对一的配置，代码如下：

```
<?xml version="1.0" encoding="UTF-8"?>
<!DOCTYPE hibernate-mapping PUBLIC
    "-//Hibernate/Hibernate Mapping DTD 3.0//EN"
    "http://hibernate.sourceforge.net/hibernate-mapping-3.0.dtd">
<hibernate-mapping package="com.hkd.entity">
<class name="City">
<!-- 配置主键 -->
<id name="cid">
<generator class="assigned"/>
</id>
<!-- 配置其他成员 -->
<property name="cname"/>
<many-to-one name="country" column="coid"/>
</class>
</hibernate-mapping>
```

而 Country 类的对象模型可以参考例 4-4，Country 类的映射文件可以参考例 4-5，在此不再赘述。双向一对多关系的测试可以参考例 4-6，对于双向关系既可以从“多”的一方进行维护，也可以从“一”的一方进行维护。

4.2.2　注解方式实现

使用注解方式可以有效地减少配置的工作量，有助于增强程序的内聚性，便于程序员开发。注解方式的使用方法在第 3 章中有详细介绍，在此不再赘述，这里仅介绍与一对多和多对一相关的注解标签。

与一对多和多对一相关的注解标签及其属性如表 4-4 所示。

表 4-4 与一对多和多对一相关的注解标签及其属性

<table>
<tr><th>注解标签</th><th>作用</th><th>属性</th><th>属性值</th></tr>
<tr><td rowspan="3">@ManyToOne</td><td rowspan="3">用于配置多对一关系</td><td>fetch</td><td>fetch：配置加载方式。取值有：
Fetch.EAGER：及时加载，多对一默认是 Fetch.EAGER
Fetch.LAZY：延迟加载，一对多默认是 Fetch.LAZY</td></tr>
<tr><td>cascade</td><td>cascade：设置级联方式。取值有：
CascadeType.PERSIST：保存
CascadeType.REMOVE：删除
CascadeType.MERGE：修改
CascadeType.REFRESH：刷新
CascadeType.ALL：全部</td></tr>
<tr><td>targetEntity</td><td>配置集合属性类型</td></tr>
<tr><td rowspan="2">@OneToMany</td><td rowspan="2">用于配置一对多关系</td><td>mappedBy</td><td>mappedBy 指的是“多”的一方对“一”的这一方的依赖的属性</td></tr>
<tr><td>其他属性同@ManyToOne 标签</td><td>略</td></tr>
<tr><td>@JoinColumn</td><td>用于描述一个关联的字段。@JoinColumn 和@Column 类似，但@JoinColumn 描述的不是一个简单字段，而是一个关联字段，而@Column 描述的是一个简单字段</td><td>name</td><td>name 属性指定外键的名称</td></tr>
</table>

需要注意的是：

（1）在多对一关系的配置中，@JoinColumn 标签是可以缺省的，若缺省，系统会自动声明一个和当前属性名称相同的外键。

（2）mappedBy 配置的是成员变量，针对的是对象模型中的属性；而@JoinColumn 配置的是外键，针对的是关系模型中的字段。另外，需要注意 mappedBy 属性配置的是某类的关联类中的关联对象名。

（3）若配置双向一对多关系，则必须存在一个关系维护端，因为双向一对多关系的外键只能建立在“多”的一方，所以通常要求“多”的一方作为关系的维护端，“一”的一方作为被维护端。这时要求在“多”的一方指定 @ManyToOne 注解，并使用 @JoinColumn 指定外键名称。在“一”的一方指定 @OneToMany 注解并设置 mappedBy 属性。若在“一”的一方的@OneToMany 中使用 mappedBy 属性， 则 @OneToMany 端就不能再使用 @JoinColumn 属性，以指定它是这一关联中的被维护端，“多”为维护端。

【例 4-7】 以注解方式完成学校类和教室类的双向一对多关系，并编写测试类完成对这两个类的持久化。

用注解方式实现的学校类如下所示：

```
package com.hkd.entity;
import java.util.HashSet;
import java.util.Set;
import javax.persistence.Entity;
import javax.persistence.Id;
import javax.persistence.OneToMany;
```

```
import javax.persistence.Table;
@Table(name="schooltab")
@Entity
public class School {
    private String sid;
    private String sname;
    Set<Classroom> cset=new HashSet<Classroom>();
    @Id
    public String getSid(){
        return sid;
    }
    public void setSid(String sid){
        this.sid = sid;
    }
    public String getSname(){
        return sname;
    }
    public void setSname(String sname){
        this.sname = sname;
    }
    @OneToMany(mappedBy="school",targetEntity=Classroom.class)
    public Set<Classroom> getCset(){
        return cset;
    }
    public void setCset(Set<Classroom> cset){
        this.cset = cset;
    }}
```

用注解方式实现的教室类如下所示：

```
package com.hkd.entity;
import javax.persistence.Entity;
import javax.persistence.Id;
import javax.persistence.JoinColumn;
import javax.persistence.ManyToOne;
import javax.persistence.Table;
@Table(name="croom")
@Entity
public class Classroom {
    private String cid;
    private String cname;
    private School school;
    @Id
    public String getCid(){
        return cid;
    }
    public void setCid(String cid){
        this.cid = cid;
```

```
    }
    public String getCname(){
        return cname;
    }
    public void setCname(String cname){
        this.cname = cname;
    }
    @JoinColumn(name="sid")
    @ManyToOne
    public School getSchool(){
        return school;
    }
    public void setSchool(School school){
        this.school = school;
    }}
```

在测试类 TestOneToMany 中编写测试函数 testZhujie()，对以注解方式编写的对象模型进行持久化，代码如下：

```
public void testZhujie()
    {
        //1.创建 configuration
        Configuration cfg = new AnnotationConfiguration().configure();
        //2.创建 session 工厂
        SessionFactory sf=cfg.buildSessionFactory();
        //3.打开 session
        Session session=sf.openSession();
        //4.开启事务
            Transaction ts=null;
        try {
            ts=session.beginTransaction();
            Classroom c1=new Classroom();
            Classroom c2=new Classroom();
            School s=new School();
            s.setSid("s1002");
            s.setSname("河科大");
            c1.setCid("c1003");
            c1.setCname("公教 001");
            c1.setSchool(s);
            c2.setCid("c1004");
            c2.setCname("公教 002");
            c2.setSchool(s);
            session.save(s);
            session.save(c1);
            session.save(c2);
            ts.commit();
        } catch (HibernateException e){
            // TODO Auto-generated catch block
            if(ts!=null)
```

```
            ts.rollback();
        }finally
        {
            session.close();
        }

    }
```

运行该程序。

控制台 Console 下面显示：

```
Hibernate: insert into schooltab (sname, sid)values (?, ?)
Hibernate: insert into croom (cname, sid, cid)values (?, ?, ?)
Hibernate: insert into croom (cname, sid, cid)values (?, ?, ?)
```

查看数据表，表 Croom 中有两条数据，表 Schooltab 中有一条数据。

查看数据表结构，表 Croom 结构如下：

```
Name  Type          Nullable Default Comments
----- ------------- -------- ------- --------
CID   VARCHAR2(255)
CNAME VARCHAR2(255)Y
SID   VARCHAR2(255)Y
```

表 Schooltab 结构如下：

```
Name  Type          Nullable Default Comments
----- ------------- -------- ------- --------
SID   VARCHAR2(255)
SNAME VARCHAR2(255)Y
```

程序说明：

（1）在注解方式中，@Id 标签用于声明一个实体类的属性映射为数据库的主键列，@Id 标签是不能缺省的。而@GeneratedValue 用于标签主键的生成策略，若@GeneratedValue 缺省，则表示主键需要依赖程序来生成，类似于配置方式中的 assigned 主键策略。

（2）注意在注解方式下，映射文件（实体类）在 hibernate.cfg.xml 文件中的加载和配置方式是不同的，如下所示：

```
<mapping class="com.hkd.entity.Classroom"/>
<mapping class="com.hkd.entity.School"/>
```

（3）注意在注解方式下，创建 Configuration，加载 hibernate.cfg.xml 的方式和配置映射文件方式下的也略有不同，如下所示：

```
Configuration cfg = new AnnotationConfiguration().configure();
```

（4）本例是利用注解方式配置的双向一对多关系，因为在“一”的一方使用了@OneToMany 注解并设置 mappedBy 属性，这样的设置使得“多”的一方为维护方，“一”的一方为被维护方，所以在测试类中，应该是使用“多”的一方来维护“一”的一方，若使用“一”的一方来维护“多”的一方，则关系模型中的数据会不完整。

4.3 一对一关系

4.3.1 配置映射文件实现

一对一关联映射关系在实际生活中是比较常见的，例如居民（Person）与身份证（IdCard）的关系，一个居民只能拥有一个身份证，一个身份证只能对应一个居民，它们之间是典型的一对一关系。一对一关联映射关系在 Hibernate 中的实现有两种方式，分别是主键关联和唯一外键关联。这两种实现方式的对象模型是一样的，所不同的是映射文件的编写和关系模型的结构。

在一对一关系中，我们不再单独研究单向的一对一关系，而是直接建立双向的一对一关系，下面以居民类（Person 类）与身份证类（IdCard 类）为例，建立双向的一对一关系的对象模型。

【例 4-8】 编写双向的一对一关系的居民类与身份证类的对象模型。

在双向的一对一关系中的对象模型中，两方对象中分别包含一个另一方的对象，两方对象分别以属性的形式存在于另一方的对象中，互相包含，从对象模型上形成一对一的关系。

居民类（Person 类）代码如下：

```
package com.hkd.entity;
public class Person {
    String pid;
    String pname;
    IdCard idcard;                  //特殊的数据成员
    public String getPid(){
        return pid;
    }
    public void setPid(String pid){
        this.pid = pid;
    }
    public String getPname(){
        return pname;
    }
    public void setPname(String pname){
        this.pname = pname;
    }
    public IdCard getIdcard(){
        return idcard;
    }
    public void setIdcard(IdCard idcard){
        this.idcard = idcard;
    }
}
```

身份证类（IdCard 类）代码如下：

```
package com.hkd.entity;
public class IdCard {
    String cid;
    String cyear;
    Person person; //特殊的数据成员
    public String getCid(){
        return cid;
    }
    public void setCid(String cid){
        this.cid = cid;
    }
    public String getCyear(){
        return cyear;
    }
    public void setCyear(String cyear){
        this.cyear = cyear;
    }
    public Person getPerson(){
        return person;
    }
    public void setPerson(Person person){
        this.person = person;
    }
}
```

接下来编写一对一关系的映射文件。在一对一关系的映射文件的编写中，需要用到一个非常重要的标签<one-to-one>。<one-to-one>标签的使用方法如下所示：

```
<one-to-one
      name="propertyName"
      class="ClassName"
      cascade="all|none|save-update|delete"
      constrained="true|false"
      outer-join="true|false|auto"
      property-ref="propertyNameFromAssociatedClass"
      access="field|property|ClassName"
/>
```

表 4-5 对<one-to-one>标签的各属性进行了详细的介绍。

表 4-5　<one-to-one>标签的属性

属性名	作用
name	属性名称
class（可选）	被关联的类的完整名称
cascade（级联）	表明操作是否从父对象级联到被关联的对象
constrained（约束）（可选）	表明该类对应的数据库表引用被关联的对象所对应的数据库表的主键作为外键
outer-join（外连接）（可选，默认为自动）	当设置 hibernate.use_outer_join 的时候，对这个关联允许外连接抓取
property-ref（可选）	指定关联类的一个属性，这个属性将会和本外键相对应。如果没有指定，则使用对方关联类的主键
access（可选，默认为 property）	Hibernate 用来访问属性的策略

下面分别以主键关联和唯一外键关联的方式来编写双向一对一关系的映射文件。

1．主键关联

主键关联：指让两个对象具有相同的主键值，以表明它们之间的一一对应的关系；用主键关联策略实现双向一对一关系时，必须指定主控方和被控方，被控方的主键是由主控方的主键生成的，这样两方就能实现主键值相同的目的。

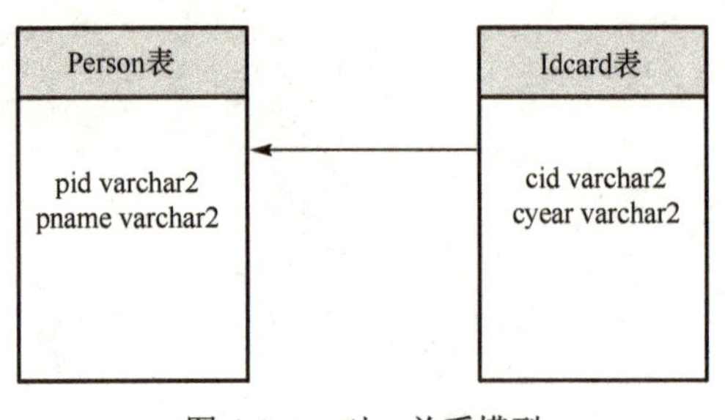

图 4-1　一对一关系模型

由主键关联策略生成的数据库表中不会有额外的字段来维护它们之间的关系，仅通过表的主键来关联。如图 4-1 所示，Idcard 表的主键 cid 既是该表的主键也是该表的外键。

【例 4-9】 以主键关联策略编写 Person 类和 IdCard 类的映射文件。

在本例中，指定 Person 类为主控方，而 IdCard 类为被控方。Person 类的映射文件为：

```
<?xml version="1.0" encoding="UTF-8"?>
<!DOCTYPE hibernate-mapping PUBLIC
   "-//Hibernate/Hibernate Mapping DTD 3.0//EN"
   "http://hibernate.sourceforge.net/hibernate-mapping-3.0.dtd">
<hibernate-mapping package="com.hkd.entity">
<class name="Person">
<id name="pid">
<generator class="assigned"/>
</id>
<property name="pname"/>
<one-to-one name="idcard"/>
</class>
</hibernate-mapping>
```

程序说明：

主键关联策略下的主控方的映射文件相对比较简单，主键和普通属性可以按照传统方法进行配置，而对于关联对象需要使用<one-to-one>标签配置即可，如下所示：

```
<one-to-one name="idcard"/>
```

IdCard 类的映射文件为：

```
<?xml version="1.0" encoding="UTF-8"?>
<!DOCTYPE hibernate-mapping PUBLIC
   "-//Hibernate/Hibernate Mapping DTD 3.0//EN"
   "http://hibernate.sourceforge.net/hibernate-mapping-3.0.dtd">
<hibernate-mapping package="com.hkd.entity">
<class name="IdCard">
<!-- 配置副的一方的主键 -->
<id name="cid">
<!-- 该主键产生自主对象的主键 -->
<generator class="foreign">
```

```
<param name="property">person</param>
</generator>
</id>
<property name="cyear"/>
<one-to-one name="person" constrained="true"/>
<!-- 注意 constrained 设置为 true -->
</class>
</hibernate-mapping>
```

程序说明：

主键关联策略下的被控方的映射文件的编写需要注意以下几点：

（1）主键生成策略要使用 foreign 策略，还需要配置 foreign 策略的参数值，该参数值是以键值对的形式出现的，键的名称必须为"property"，而值必须为主控方类的对象，如下所示。

```
<id name="cid">
<generator class="foreign">
<param name="property">person</param>
</generator>
</id>
```

（2）关联对象需要使用<one-to-one>标签配置，并且需要设置该标签的属性 constrained="true"，表示引用了 Idcard 表中的主键 cid 作为该表的外键。

将这两个映射文件加载到 hibernate.cfg.xml 中，代码如下：

```
<mapping resource="com/hkd/entity/person.hbm.xml"/>
<mapping resource="com/hkd/entity/idcard.hbm.xml"/>
```

【例 4-10】 编写测试类，实现主键关联策略下 Person 类和 IdCard 类的持久化。

在 com.hkd.test 包下编写测试类 TestOnetoOne，在测试类 TestOnetoOne 中编写测试方法，代码如下：

```
public class TestOnetoOne {
    Session session=null;
    @Before
    public void init()
    {
    //1.加载 Configuration
    Configuration cfg=new Configuration().configure("hibernate.cfg.xml");
    //2.创建 sessionFactory
    SessionFactory sf=cfg.buildSessionFactory();
    //3.打开 session
    session=sf.openSession();
    }
    @After
    public void close()
    {
        session.close();
    }
    @Test
```

```
    public void testAdd()
    {
    Transaction ts=null;
    try {
        ts=session.beginTransaction();
        Person p=new Person();
        p.setPid("1001");
        p.setPname("tom");
        IdCard idcard=new IdCard();
        idcard.setCyear("2018");
        idcard.setPerson(p);
        session.save(p);
        session.save(idcard);
        ts.commit();
    } catch (HibernateException e){
        if(ts!=null)
            ts.rollback();
    }
    }
}
```

运行该程序。

控制台 Console 下面显示：

```
Hibernate: insert into Person (pname, pid)values (?, ?)
Hibernate: insert into IdCard (cyear, cid)values (?, ?)
```

查看数据表，在表 Person 和表 Idcard 中分别插入一条记录，这两条记录的主键值均为1001，这样，通过让两个对象具有相同的主键值建立起它们之间的一一对应的关系。

查看数据表结构，表 Person 结构如下：

```
Name  Type          Nullable Default Comments
----- ------------- -------- ------- --------
PID   VARCHAR2(255)
PNAME VARCHAR2(255)Y
```

表 Idcard 结构如下：

```
Name  Type          Nullable Default Comments
----- ------------- -------- ------- --------
CID   VARCHAR2(255)
CYEAR VARCHAR2(255)Y
```

程序及运行结果说明如下。

（1）本例测试类采用 JUnit4 库，在 JUnit4 单元测试中，可以使用注解方式进行编程，常用的注解有三个，即@Before、@After、@Test。其中，@Before 表示在测试函数执行前执行，@After 表示在测试函数执行后执行，@Test 表示当前函数是测试函数。

（2）根据主键关联策略的特点，在表 Person 和表 Idcard 中插入一条主键值相同的记录。

（3）主键关联策略生成的数据库表中不会有额外的字段来维护它们之间的关系，仅通过表的主键来关联，在本例中，表 Idcard 中的主键 cid 既充当主键也充当外键的功能。

2. 唯一外键关联

外键关联本来是用于多对一的配置的，但加上唯一的限制之后，也可以用来表示一对一关联关系。因为如果采用<many-to-one>标签来映射，并且指定"多"的一方 unique 为 true，这样就限制了"多"的一方的多重性为一，这时所谓的多对一实际上就是一对一关系，所以采用唯一外键关联策略的单向一对一关联实际上属于单向多对一关联的特例。

基于唯一外键关联策略的单向一对一关联用法与单向多对一关联用法基本相同，不同之处在于映射文件中<many-to-one>元素的配置。在基于唯一外键关联策略的单向一对一关联映射中，<many-to-one>元素的配置如下：

```
<many-to-one
name=""
column=""
 class=""
 cascade="all"
not-null="true"
unique="true" />
```

在这些属性中，name 和 unique 属性是必需的，其他属性都是可以缺省的。其中，name 属性表示关联的对象名，class 属性表示该外键关联对象的类，column 属性表示该外键在数据表中对应的字段名，unique 的值要设置为 true。

基于唯一外键关联策略的双向一对一关联，通过联合使用<many-to-one>和<one-to-one>元素进行配置，在映射文件中，在产生外键的一方使用<many-to-one>标签配置，具体参考上述基于唯一外键关联策略的单向一对一关联映射配置方法，而在不产生外键的一方使用<one-to-one>标签配置。

```
<one-to-one name="" class="" property-ref="" />
```

在这些属性中，name 表示属性名称；class 表示被关联的类的完整名称；property-ref 指定关联类的属性名，这个属性将会和本类的主键相对应。如果没有指定，则会使用对方关联类的主键。需要注意的是，property-ref 不是数据库表中的字段名，而是定义的 Java 类中的属性名，在基于唯一外键关联策略的双向一对一关联中，property-ref 是必须配置的，否则从"一"的一方查找时，会出现错误。

因为唯一外键关联策略的对象模型和主键关联策略的对象模型是一样的，所以对 Person 类和 IdCard 类的对象模型不再赘述，下面仅编写相应的映射文件及持久化的测试方法。

【例 4-11】 编写唯一外键关联策略的 Person 类的映射文件 person1.hbm.xml 和 IdCard 类的映射文件 idcard1.hbm.xml，并编写测试方法 testAddForeign()进行持久化测试。

Person 类的映射文件 person1.hbm.xml 的代码如下：

```
<?xml version="1.0" encoding="UTF-8"?>
<!DOCTYPE hibernate-mapping PUBLIC
    "-//Hibernate/Hibernate Mapping DTD 3.0//EN"
    "http://hibernate.sourceforge.net/hibernate-mapping-3.0.dtd">
<hibernate-mapping package="com.hkd.entity">
<class name="Person" table="person1">
```

```
<id name="pid">
<generator class="assigned"/>
</id>
<property name="pname"/>
<one-to-one name="idcard" property-ref="person"/>
</class>
</hibernate-mapping>
```

IdCard 类的映射文件 idcard1.hbm.xml 的代码如下：

```
<?xml version="1.0" encoding="UTF-8"?>
<!DOCTYPE hibernate-mapping PUBLIC
    "-//Hibernate/Hibernate Mapping DTD 3.0//EN"
    "http://hibernate.sourceforge.net/hibernate-mapping-3.0.dtd">
<hibernate-mapping package="com.hkd.entity">
<class name="IdCard" table="idcard1">
<id name="cid">
<generator class="assigned"/>
</id>
<property name="cyear"/>
<many-to-one name="person" column="pid" unique="true"/>
</class>
</hibernate-mapping>
```

将这两个映射文件加载到 hibernate.cfg.xml 中，代码如下：

```
<mapping resource="com/hkd/entity/person1.hbm.xml"/>
<mapping resource="com/hkd/entity/idcard1.hbm.xml"/>
```

在测试类 TestOnetoOne 中编写测试方法 testAddForeign()，代码如下：

```
public void testAddForeign()
    {
    Transaction ts=null;
    try {
        ts=session.beginTransaction();
        Person p=new Person();
        p.setPid("p10012");
        p.setPname("tom");
        IdCard idcard=new IdCard();
        idcard.setCid("c10012");
        idcard.setCyear("2018");
        idcard.setPerson(p);
        session.save(p);
        session.save(idcard);
        ts.commit();
    } catch (HibernateException e){
        if(ts!=null)
            ts.rollback();
    }
    }
```

运行该程序。

控制台 Console 下面显示：

```
Hibernate: insert into person1 (pname, pid)values (?, ?)
Hibernate: insert into idcard1 (cyear, pid, cid)values (?, ?, ?)
```

查看数据表，数据已被正常插入；查看表结构，在 Idcard1 表中，产生一个名字为 pid 的外键，并且 pid 是唯一的，也就是说在 Idcard1 表中产生了一个同时具备唯一约束和外键约束的字段 pid。这时，关系模型 Idcard1 表和 Person1 表实际上是一对一的关系。

说明：

因为主键关联策略的一对一的映射扩展性不好，当用户的需要发生改变即想要将其变为一对多时便无法操作了，所以用户在遇到一对一关联时经常会采用唯一外键关联来解决问题，而很少使用一对一主键关联。

4.3.2　注解方式实现

与一对一关系相关的注解标签及其属性如表 4-6 所示。

表 4-6　与一对一关系相关的注解标签及其属性

<table>
<tr><th>注解标签</th><th>作用</th><th>属性</th><th>属性值</th></tr>
<tr><td rowspan="4">@OneToOne</td><td rowspan="4">用于配置一对一关系</td><td>fetch</td><td>fetch：配置加载方式。取值有：
Fetch.EAGER：及时加载，多对一默认为 Fetch.EAGER
Fetch.LAZY：延迟加载，一对多默认为 Fetch.LAZY</td></tr>
<tr><td>cascade</td><td>cascade：设置级联方式。取值有：
CascadeType.PERSIST：保存
CascadeType.REMOVE：删除
CascadeType.MERGE：修改
CascadeType.REFRESH：刷新
CascadeType.ALL：全部</td></tr>
<tr><td>targetEntity</td><td>配置集合属性类型</td></tr>
<tr><td>mappedBy</td><td>mappedBy 指的是某类的关联类中的关联属性</td></tr>
<tr><td>@JoinColumn</td><td>用于描述一个关联的字段。@JoinColumn 和@Column 类似，但@JoinColumn 描述的不是一个简单字段，而是一个关联字段，而@Column 描述的是一个简单字段</td><td>name</td><td>name 属性指定外键的名称</td></tr>
<tr><td rowspan="3">@GenericGenerator</td><td rowspan="3">自定义主键生成策略，通常和@GeneratedValue 结合来用</td><td>name</td><td>指定生成器名称</td></tr>
<tr><td>strategy</td><td>指定具体生成器的类名</td></tr>
<tr><td>parameters</td><td>得到 strategy 指定的具体生成器所用到的参数</td></tr>
<tr><td rowspan="2">@GeneratedValue</td><td rowspan="2">用于设置主键的生成策略</td><td>strategy</td><td>指定主键生成策略，类型是 GenerationType 类型</td></tr>
<tr><td>generator</td><td>指定自定义生成器名称，类型是 String 型</td></tr>
<tr><td>@PrimaryKeyJoinColumn</td><td>关系维护端的主键作为外键指向关系被维护端的主键，不再新建一个外键列</td><td>name</td><td>该属性可选，通常缺省</td></tr>
</table>

注解方式的一对一关系的实现也有两种策略：主键关联策略和唯一外键关联策略。这两种策略的特点如上一节所述，下面分别介绍这两种策略下的注解方式的实现。

1. 主键关联策略

【例 4-12】 以主键关联策略的注解方式完成居民类和身份证类的双向的一对一关系，并编写测试类完成对这两个类的持久化。

对于基于主键关联策略的一对一关系，一定要指定主控方和被控方，被控方的主键产生自主控方，在这种策略生成的关系模型中不需要用第三方外键来实现两个表的关联关系，被控方的主键既是主键也是外键。

如果指定居民类为主控方，身份证类为被控方，则居民类（Person_zhujie 类）的注解方式实现代码为：

```
@Entity
public class Person_zhujie {
    String pid;
    String pname;
    Idcard_zhujie idcard;

    @Id
    public String getPid(){
        return pid;
    }
    public void setPid(String pid){
        this.pid = pid;
    }
    public String getPname(){
        return pname;
    }
    public void setPname(String pname){
        this.pname = pname;
    }
    @PrimaryKeyJoinColumn
    @OneToOne(mappedBy="person")
    public Idcard_zhujie getIdcard(){
        return idcard;
    }
    public void setIdcard(Idcard_zhujie idcard){
        this.idcard = idcard;
    }
}
```

身份证类（Idcard_zhujie 类）的注解方式实现代码为：

```
@Entity
public class Idcard_zhujie {
    String cid;
    int cyear;
    Person_zhujie person;
    @Id
    @GenericGenerator(name="pkgg",strategy="foreign",
```

```
    parameters={@Parameter(name="property",value="person")})
    @GeneratedValue(generator="pkgg")
    public String getCid(){
        return cid;
    }
    public void setCid(String cid){
        this.cid = cid;
    }
    public int getCyear(){
        return cyear;
    }
    public void setCyear(int cyear){
        this.cyear = cyear;
    }
    @PrimaryKeyJoinColumn
    @OneToOne
    public Person_zhujie getPerson(){
        return person;
    }
    public void setPerson(Person_zhujie person){
        this.person = person;
    }
}
```

程序说明：

（1）在 Idcard_zhujie 类的关联对象属性的 getter 方法上使用@PrimaryKeyJoinColumn 和@OneToOne 进行注解，在 Person_zhujie 类的关联对象属性的 getter 方法上同样也使用@PrimaryKeyJoinColumn 和@OneToOne 进行注解，并且指定@OneToOne 标签的 mappedBy 属性，来指定外键关系是由哪个类来进行维护的，该属性的值表示关联类中的关联对象属性名。另外，需要注意注解方式中的 mappedBy 属性和配置映射文件方式中的 property-ref 特点是一样的。

（2）在主控方 Person_zhujie 类的主键属性上，只需要使用@Id 注解即可。在被控方 Idcard_zhujie 类的主键属性上需要使用@GenericGenerator(name="pkgg",strategy="foreign", parameters={@Parameter(name="property",value="person")})，通过该注解标签自定义 foreign 策略的主键生成策略。然后，使用@GeneratedValue(generator="pkgg")设置被控方的主键生成策略为 foreign 策略。该主键生成策略表示被控方的主键产生自主控方。

在 hibernate.cfg.xml 文件中加载这两个注解类，如下所示：

```
<mapping class="com.hkd.entity.Person_zhujie"/>
<mapping class="com.hkd.entity.Idcard_zhujie"/>
```

编写测试类 TestOneToOneZhujie，在该类中编写测试函数 testZhujie_primary()，对以注解方式编写的对象模型进行持久化，代码如下：

```
@Test
    public void testZhujie_primary()
```

```
    {
        //1.创建 configuration
        Configuration cfg = new AnnotationConfiguration().configure();
        //2.创建 session 工厂
        SessionFactory sf=cfg.buildSessionFactory();
        //3.打开 session
        Session session=sf.openSession();
        //4.开启事务
            Transaction ts=null;
        try {
            ts=session.beginTransaction();
            Person_zhujie p=new Person_zhujie();
            p.setPid("1001");
            p.setPname("tom");
            Idcard_zhujie idcard=new Idcard_zhujie();
            idcard.setCyear(2018);
            idcard.setPerson(p);
            session.save(p);
            session.save(idcard);
            ts.commit();
        } catch (HibernateException e){
            // TODO Auto-generated catch block
            if(ts!=null)
            ts.rollback();
        }finally
        {
            session.close();
        }
    }
```

运行该程序。

控制台 Console 下面显示：

```
Hibernate: insert into Person_zhujie (pname, pid)values (?, ?)
Hibernate: insert into Idcard_zhujie (cyear, cid)values (?, ?)
```

查看数据表，在表 Person_zhujie 和 Idcard_zhujie 中分别插入一条记录，这两条记录的主键值均为 1001。这样，通过让两个对象具有相同的主键值，建立起来它们之间的一一对应的关系，查看表结构，并没有额外字段产生。

2．唯一外键关联

【例 4-13】 以基于唯一外键关联的注解方式完成学生类和学生证类的双向一对一关系，并编写测试类完成对这两个类的持久化。

在基于唯一外键关联的注解方式生成的双向一对一关联中，需要指定维护方和被维护方，需要在关系被维护方（inverse side）中的@OneToOne 注解中指定 mappedBy，以指定它是该关联中的被维护方。同时，需要在关系维护方（owner side）中建立外键列，以指向关系被维护方的主键列。

指定学生类为维护方，学生证类为被维护方。

以注解方式实现的学生类如下所示：

```
@Entity
public class Student {
    private String sid;
    private String sname;
    private Scard scard;
    @Id
    public String getSid(){
        return sid;
    }
    public void setSid(String sid){
        this.sid = sid;
    }
    public String getSname(){
        return sname;
    }
    public void setSname(String sname){
        this.sname = sname;
    }
    @ManyToOne
    @JoinColumn(name="sid",unique=true)
    public Scard getScard(){
        return scard;
    }
    public void setScard(Scard scard){
        this.scard = scard;
    }
}
```

以注解方式实现的学生证类如下所示：

```
@Entity
public class Scard {
    private String scid;
    private String scyear;
    private Student student;
    @Id
    public String getScid(){
        return scid;
    }
    public void setScid(String scid){
        this.scid = scid;
    }
    public String getScyear(){
        return scyear;
    }
```

```
    public void setScyear(String scyear){
        this.scyear = scyear;
    }
    @OneToOne(mappedBy="scard")
    public Student getStudent(){
        return student;
    }
    public void setStudent(Student student){
        this.student = student;
    }
}
```

程序说明：

（1）在维护方 Student 类的关联对象属性的 getter 方法上使用@JoinColumn(name="scid", unique=true)和@ManyToOne 进行配置。在被维护方 Scard类的关联对象属性的 getter 方法上使用@OneToOne 标签进行注解，并指定@OneToOne 标签的 mappedBy 属性为 scard，以表示 Scard 类是被维护方，其中 scard 表示对象模型 Scard 类的关联类——Student 类中的关联属性。

（2）在维护方和被维护方的主键上，只需使用@Id 标签设置即可，主键生成策略标签@GeneratedValue 可以缺省，缺省则表示该主键是由程序生成的。

在 hibernate.cfg.xml 文件中加载这两个注解类，如下所示：

```
<mapping class="com.hkd.entity.Student"/>
<mapping class="com.hkd.entity.Scard"/>
```

编写测试类 TestOneToOneZhujie，在该类中编写测试函数 testZhujie_foreign()，对注解方式编写的对象模型进行持久化，代码如下：

```
@Test
    public void testZhujie_foreign()
    {
        //1.创建 configuration
        Configuration cfg = new AnnotationConfiguration().configure();
        //2.创建 session 工厂
        SessionFactory sf=cfg.buildSessionFactory();
        //3.打开 session
        Session session=sf.openSession();
        //4.开启事务
            Transaction ts=null;
        try {
            ts=session.beginTransaction();
            Student student=new Student();
            Scard scard=new Scard();
            student.setSid("s1005");
            student.setSname("jack1");
            scard.setScid("sc1005");
            scard.setScyear("20181");
            student.setScard(scard);
```

```
                session.save(scard);
                session.save(student);
                ts.commit();
            } catch (HibernateException e){
                // TODO Auto-generated catch block
                if(ts!=null)
                ts.rollback();
            }finally
            {
                session.close();
            }
        }
    }
```

运行该程序。

控制台 Console 下面显示：

```
Hibernate: insert into Scard (scyear, scid)values (?, ?)
Hibernate: insert into Student (scid, sname, sid)values (?, ?, ?)
```

查看数据表，在表 Scard、表 Student 中各插入一条数据；查看表结构，在 Student 表中产生一外键 scid。

需要特别注意的是，本例的配置是指定 Student 类为维护方，则在持久化时必须从 Student 方进行维护，否则若从 Scard 方进行维护，则会出现数据不完整的现象。

4.4　多对多关系

4.4.1　配置映射文件实现

相对于一对多、多对一和一对一关系，实体之间的多对多的关联在实际开发中并非常用，实现多对多关联，需要借助一个起中介作用的连接表来完成。一个多对多关联通常可以分拆成两个一对多关联。

教师（Teacher）和课程（Course）是典型的多对多关系，一名教师可以教授多门课程，一门课程也可以由多名教师来教，要实现教师和课程之间的多对多关系，需用一个中间表来辅助完成，如图 4-2 所示。

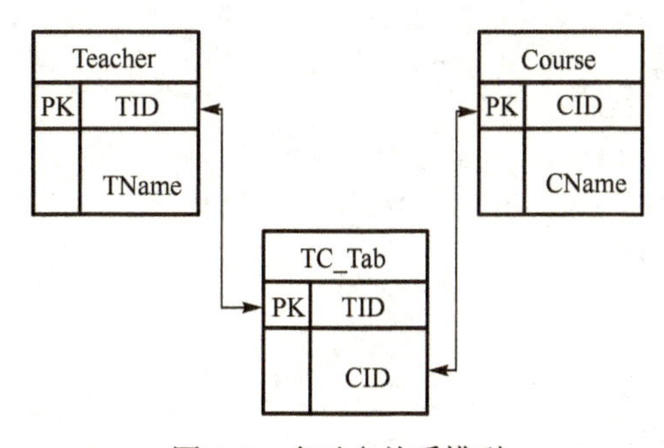

图 4-2　多对多关系模型

中间表是由教师和课程的主键组成的，该表分别与教师（Teacher）和课程（Course）表构成两个多对一关系，这实际上就是多对多关系的映射策略。

首先编写多对多关系的对象模型。

【例 4-14】 编写教师和课程之间多对多关系的对象模型。

教师类（Teacher 类）代码如下：

```
package com.hkd.entity;
import java.util.HashSet;
import java.util.Set;
public class Teacher {
    private String tid;
    private String tname;
    Set<Course> cset=new HashSet<Course>();
    public String getTid(){
        return tid;
    }
    public void setTid(String tid){
        this.tid = tid;
    }
    public String getTname(){
        return tname;
    }
    public void setTname(String tname){
        this.tname = tname;
    }
    public Set<Course> getCset(){
        return cset;
    }
    public void setCset(Set<Course> cset){
        this.cset = cset;
    }
}
```

课程类（Course 类）代码如下：

```
package com.hkd.entity;
import java.util.HashSet;
import java.util.Set;
public class Course {
    private String cid;
    private String cname;
    Set<Teacher> tset=new HashSet<Teacher>();
    public String getCid(){
        return cid;
    }
    public void setCid(String cid){
        this.cid = cid;
    }
```

```
    public String getCname(){
        return cname;
    }
    public void setCname(String cname){
        this.cname = cname;
    }
    public Set<Teacher> getTset(){
        return tset;
    }
    public void setTset(Set<Teacher> tset){
        this.tset = tset;
    }
}
```

接下来编写多对多的映射文件，除前述的<set>标签外，多对多关系需要使用的标签为<many-to-many>：

```
<many-to-many
      column="column_name"
      class="ClassName"
      outer-join="true|false|auto"
/>
```

程序说明：

（1）column（必需）：这个元素的外键关键字段名。

（2）class（必需）：关联类的名称。

（3）outer-join（可选默认为 auto）：在 Hibernate 系统参数中 hibernate.use_outer_join 被打开的情况下，该参数用于允许使用 outer join 来载入该集合的数据。

【例 4-15】 编写教师和课程之间多对多关系的映射文件。

教师类（Teacher 类）对应映射文件 teacher.hbm.xml 为：

```
<?xml version="1.0" encoding="UTF-8"?>
<!DOCTYPE hibernate-mapping PUBLIC
   "-//Hibernate/Hibernate Mapping DTD 3.0//EN"
   "http://hibernate.sourceforge.net/hibernate-mapping-3.0.dtd">
<hibernate-mapping package="com.hkd.entity">
<class name="Teacher">
<!-- 配置主键 -->
<id name="tid">
<generator class="assigned"/>
</id>
<!-- 配置其他成员 -->
<property name="tname"/>
<!-- 配置关联属性 -->
<set name="cset" table="tc_tab">
<key column="tid"/>
<many-to-many class="Course" column="cid"/>
</set>
```

```
</class>
</hibernate-mapping>
```

课程类（Course 类）对应映射文件 course.hbm.xml 为：

```
<?xml version="1.0" encoding="UTF-8"?>
<!DOCTYPE hibernate-mapping PUBLIC
    "-//Hibernate/Hibernate Mapping DTD 3.0//EN"
    "http://hibernate.sourceforge.net/hibernate-mapping-3.0.dtd">
<hibernate-mapping package="com.hkd.entity">
<class name="Course">
<!-- 配置主键 -->
<id name="cid">
<generator class="assigned"/>
</id>
<!-- 配置其他成员 -->
<property name="cname"/>
<!-- 配置关联属性 -->
<set name="tset" table="tc_tab">
<key column="cid"/>
<many-to-many class="Teacher" column="tid"/>
</set>
</class>
</hibernate-mapping>
```

程序说明：

（1）<set>标签中 table 属性表示中间表的表名。

（2）若以当前配置的实体类为“主”的一方，则<set>标签子元素 key 中 column 属性表示与之关联的“副”的一方的表的外键，通常是当前类所对应的表的主键。

（3）<many-to-many>标签中 class 属性表示 set 集合中元素的类类型，而 column 属性表示 set 集合中元素的类所对应的表的主键。

将这两个映射文件加载到 hibernate.cfg.xml 中，代码如下：

```
<mapping resource="com/hkd/entity/teacher.hbm.xml"/>
<mapping resource="com/hkd/entity/course.hbm.xml"/>
```

【例 4-16】 编写测试类，实现教师类（Teacher 类）和课程类（Course 类）的持久化。

在 com.hkd.test 包下编写测试类 TestManytoMany，在测试类 TestManytoMany 中编写测试方法 testInsert()，代码如下：

```
package com.hkd.test;
import java.util.HashSet;
import java.util.Set;
import org.hibernate.HibernateException;
import org.hibernate.Session;
import org.hibernate.SessionFactory;
import org.hibernate.Transaction;
import org.hibernate.cfg.Configuration;
```

```
import org.junit.Test;
import com.hkd.entity.Course;
import com.hkd.entity.Teacher;
public class TestManytoMany {
    @Test
    public void testInsert()
    {
        //1.创建 configuration
        Configuration cfg=new Configuration().configure();
        //2.创建 session 工厂
        SessionFactory sf=cfg.buildSessionFactory();
        //3.打开 session
        Session session=sf.openSession();
        //4.开启事务
            Transaction ts=null;
        try {
            ts=session.beginTransaction();
            Teacher t1=new Teacher();
            Teacher t2=new Teacher();
            Course c1=new Course();
            Course c2=new Course();
            t1.setTid("t1001");
            t1.setTname("jack");
            t2.setTid("t1002");
            t2.setTname("tom");
            Set<Teacher> tset=new HashSet<Teacher>();
            tset.add(t1);tset.add(t2);
            c1.setCid("c1001");
            c1.setCname("java");
            c1.setTset(tset);
            c2.setCid("c1002");
            c2.setCname("jsp");
            c2.setTset(tset);
            session.save(c1);session.save(c2);
            session.save(t1);session.save(t2);
            ts.commit();
        } catch (HibernateException e){
            // TODO Auto-generated catch block
            if(ts!=null)
            ts.rollback();
        } finally
        {
            session.close();
        }
    }
}
```

运行该程序。

控制台 Console 下面显示：

```
Hibernate: insert into Course (cname, cid)values (?, ?)
Hibernate: insert into Course (cname, cid)values (?, ?)
Hibernate: insert into Teacher (tname, tid)values (?, ?)
Hibernate: insert into Teacher (tname, tid)values (?, ?)
Hibernate: insert into tc_tab (cid, tid)values (?, ?)
Hibernate: insert into tc_tab (cid, tid)values (?, ?)
Hibernate: insert into tc_tab (cid, tid)values (?, ?)
Hibernate: insert into tc_tab (cid, tid)values (?, ?)
```

查看数据库，在数据库中生成三个表（Course 表、Teacher 表、Tc_tab 表），并有数据记录插入；在 Course 表、Teacher 表中并没有额外字段产生，在 Tc_tab 表中产生两个字段 cid、tid，该表的主键是由这两个字段构成的双主键，同时 cid、tid 分别充当外键和 Course 表、Teacher 表进行关联。Tc_tab 表和 Course 表、Teacher 表之间都是多对一的关系，通过中间表 Tc_tab 使得 Course 表、Teacher 表构成多对多关系。

4.4.2 注解方式实现

与多对多关系相关的注解标签及其属性如表 4-7 所示。

表 4-7 与多对多关系相关的注解标签及其属性

<table>
<tr><th>注解标签</th><th>作用</th><th>属性</th><th>属性值</th></tr>
<tr><td rowspan="4">@ManyToMany</td><td rowspan="4">配置多对多关系</td><td>Fetch</td><td>fetch：配置加载方式。取值有：
Fetch.EAGER：及时加载，多对一默认为 Fetch.EAGER
Fetch.LAZY：延迟加载，一对多默认为 Fetch.LAZY</td></tr>
<tr><td>cascade</td><td>cascade：设置级联方式。取值有：
CascadeType.PERSIST：保存
CascadeType.REMOVE：删除
CascadeType.MERGE：修改
CascadeType.REFRESH：刷新
CascadeType.ALL：全部</td></tr>
<tr><td>targetEntity</td><td>配置集合属性类型</td></tr>
<tr><td>mappedBy</td><td>mappedBy 指的是某类的关联类中的关联属性</td></tr>
<tr><td rowspan="3">@JoinTable</td><td rowspan="3">定义中间表，通常配合@ManyToMany 使用，通过中间表辅助建立起多对多的关系</td><td>name</td><td>指定中间表名称</td></tr>
<tr><td>joinColumns</td><td>定义中间表与该表的外键关系</td></tr>
<tr><td>inverseJoinColumns</td><td>定义了中间表与另一方的外键关系</td></tr>
</table>

在双向多对多关系中，两个实体间互相关联的属性必须标记为@ManyToMany。另外，必须指定一个关系维护方（owner side）。在关系维护方，除@ManyToMany 标签外，还需要借助@JoinTable 来进行配置，在被维护方需要设置 mappedBy 属性，该属性的值为关联类中的关联集合属性名，在下面的程序说明中进行具体介绍。

【例 4-17】 以注解方式完成教师类（Bak_Teacher 类）和课程类（Bak_Course 类）的双向的多对多关系，并编写测试类完成对这两个类的持久化。

教师类（Bak_Teacher 类）及其注解实现如下：

```
package com.hkd.entity;
import java.util.HashSet;
```

```
import java.util.Set;
import javax.persistence.Entity;
import javax.persistence.Id;
import javax.persistence.ManyToMany;
@Entity
public class Bak_Teacher {
    private String tid;
    private String tname;
    Set<Bak_Course> cset=new HashSet<Bak_Course>();
    @Id
    public String getTid(){
        return tid;
    }
    public void setTid(String tid){
        this.tid = tid;
    }
    public String getTname(){
        return tname;
    }
    public void setTname(String tname){
        this.tname = tname;
    }
    @ManyToMany(mappedBy="tset")
    public Set<Bak_Course> getCset(){
        return cset;
    }
    public void setCset(Set<Bak_Course> cset){
        this.cset = cset;
    }
}
```

课程类（Bak_Course 类）及其注解实现如下：

```
package com.hkd.entity;
import java.util.HashSet;
import java.util.Set;
import javax.persistence.Entity;
import javax.persistence.Id;
import javax.persistence.JoinColumn;
import javax.persistence.JoinTable;
import javax.persistence.ManyToMany;
import org.hibernate.annotations.ManyToAny;
@Entity
public class Bak_Course {
    private String cid;
    private String cname;
    Set<Bak_Teacher> tset=new HashSet<Bak_Teacher>();
```

```
    @Id
    public String getCid(){
        return cid;
    }
    public void setCid(String cid){
        this.cid = cid;
    }
    public String getCname(){
        return cname;
    }
    public void setCname(String cname){
        this.cname = cname;
    }
    @ManyToMany
    @JoinTable(name="bt_c", joinColumns={@JoinColumn(name="cid")},
    inverseJoinColumns={@JoinColumn(name="tid")}
            )
    public Set<Bak_Teacher> getTset(){
        return tset;
    }
    public void setTset(Set<Bak_Teacher> tset){
        this.tset = tset;
    }
}
```

程序说明：

这里仅对多对多关系相关的注解标签进行说明。

1. mappedBy 属性的应用

在 ManyToMany 标签中也拥有 mappedBy 属性，mappedBy 属性通常是定义在被维护方的。所谓维护方指的是外键关系的拥有方，也就是说外键将来在哪张表中创建，该表所对应的类就是外键关系的维护方，而另一方就是被维护方。通常，在被维护方使用 mappedBy 属性，而在维护方使用 JoinColumn/JoinTable 属性，mappedBy 与 JoinColumn/JoinTable 总是处于互斥的一方，在 mappedBy 这方定义 JoinColumn/JoinTable 总是失效的，不会建立对应的字段或者表。

而对于本例中的多对多关系，因为外键关系字段存在中间表中，所以既可以选择课程类作为维护方，也可以选择教师类作为维护方。需要注意的是，mappedBy 属性应该在被维护方定义，@JoinTable 标签应该在维护方使用。

我们选择教师类作为被维护方，在教师类中使用@ManyToMany（mappedBy="tset"）来指定该类是被维护方，其中 mappedBy 属性的值表示维护方的外键相关的属性，因此 mappedBy 属性的值应该设置为 tset，因为 tset 就是维护方课程类中与外键有关系的属性。另外，mappedBy 属性对应的是对象模型中的属性，而不是关系模型中的字段。

2. @JoinTable 注解标签

在维护方，除需要使用@ManyToMany 注解标签外，还需要使用@JoinTable 注解标签，

@JoinTable 有三个常用属性：name、JoinColumns、inverseJoinColumns。其中，name 属性指定中间表名称，在本例中指定中间表名称为 bt_c。JoinColumns 属性定义中间表与该表的外键关系，JoinColumns 是一个 @JoinColumn 类型的数组，而通过@JoinColumn 的 name 属性指定在中间表中和本类对应的关系表关联的外键，在本例所产生的中间表中通过 tid 字段和本类对应的关系表进行外键关联（如图 4-2 所示），因此，name 属性的值应该为 tid。inverseJoinColumns 属性定义了中间表与另外一端的外键关系，inverseJoinColumns 也是一个 @JoinColumn 类型的数组，也可以通过 @JoinColumn 的 name 属性指定在中间表中和该类对应的关系表关联的外键，在本例所产生的中间表中通过 cid 字段和该类对应关系表进行外键关联，因此，name 属性的值应该为 cid。

在 hibernate.cfg.xml 文件中加载这两个注解类，如下所示：

```
<mapping class="com.hkd.entity.Bak_Course"/>
<mapping class="com.hkd.entity.Bak_Teacher"/>
```

在测试类 TestManytoMany 中编写测试方法，代码如下：

```
@Test
public void testInsert_zhujie()
{
    //1.创建 configuration
    Configuration cfg = new AnnotationConfiguration().configure();
    //2.创建 session 工厂
    SessionFactory sf=cfg.buildSessionFactory();
    //3.打开 session
    Session session=sf.openSession();
    //4.开启事务
        Transaction ts=null;
    try {
        ts=session.beginTransaction();
        Bak_Teacher t1=new Bak_Teacher();
        Bak_Teacher t2=new Bak_Teacher();
        Bak_Course c1=new Bak_Course();
        Bak_Course c2=new Bak_Course();
        t1.setTid("t1001");
        t1.setTname("jack");
        t2.setTid("t1002");
        t2.setTname("tom");
        Set<Bak_Teacher> tset=new HashSet<Bak_Teacher>();
        tset.add(t1);tset.add(t2);
        c1.setCid("c1001");
        c1.setCname("java");
        c1.setTset(tset);
        c2.setCid("c1002");
        c2.setCname("jsp");
```

```
            c2.setTset(tset);
            session.save(c1);session.save(c2);
            session.save(t1);session.save(t2);
            ts.commit();
        } catch (HibernateException e){
            // TODO Auto-generated catch block
            if(ts!=null)
            ts.rollback();
        }finally
        {
            session.close();
        }
    }
```

运行该程序。

控制台 Console 下面显示：

```
Hibernate: insert into Bak_Course (cname, cid)values (?, ?)
Hibernate: insert into Bak_Course (cname, cid)values (?, ?)
Hibernate: insert into Bak_Teacher (tname, tid)values (?, ?)
Hibernate: insert into Bak_Teacher (tname, tid)values (?, ?)
Hibernate: insert into bt_c (cid, tid)values (?, ?)
Hibernate: insert into bt_c (cid, tid)values (?, ?)
Hibernate: insert into bt_c (cid, tid)values (?, ?)
Hibernate: insert into bt_c (cid, tid)values (?, ?)
```

查看数据库，在数据库中生成三个表（Bak_course 表、Bak_teacher 表、Bt_c 表），并有数据记录插入；在 Bak_course 表、Bak_teacher 表中并没有额外字段产生，在 Bt_c 表中产生两个字段（cid、tid），该表的主键是由这两个字段构成的双主键，同时，cid、tid 分别充当外键和 Bak_course 表、Bak_teacher 表进行关联。Bt_c 表和 Bak_course 表、Bak_teacher 表之间都是多对一的关系，通过中间表 Bt_c 使得 Bak_course 表、Bak_teacher 表构成多对多关系。

4.5 项 目 案 例

在 Hibernate 框架环节的语法介绍部分，我们采用从对象模型到关系模型的正向项目模式，而在项目案例中，我们采用从关系模型到对象模型的逆向项目模式。另外，在线书城程序实现对象关系映射的方法是配置映射文件的方式，关于注解方式，读者可以自行练习。

4.5.1 案例描述

在线书城的主要数据表之间存在复杂的外键关联关系。例如，Category 表和 Product 表之间是一对多关系，Product 表和 Item 表之间也是一对多关系，Item 表和 Inventory 表之间是一对一关系，Orders 表和 Orderstatus 表之间是一对一关系。这些表之间的外键关联关系图如图 4-3 所示。

在本章项目案例中，我们将使用配置映射文件方式配置 Category 表和 Product 表之间的双向的一对多关系、Product 表和 Item 表之间的双向的一对多关系，以及 Item 表和 Inventory 表之间的双向的一对一关系。

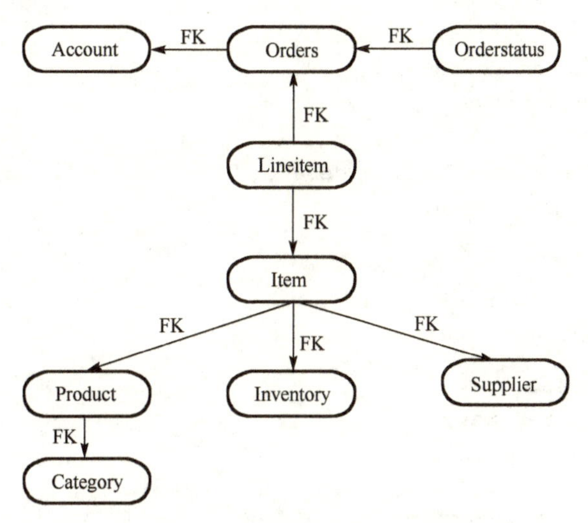

图 4-3　在线书城数据表的外键关联关系图

4.5.2　案例实施

1. 根据在线书城数据表及表和表之间的外键关联关系生成相应的对象模型

Category 类代码如下：

```
package com.hkd.entity;
import java.util.HashSet;
import java.util.Set;
public class Category {
    private String catid;
    private String name;
    private String descn;
    private Set<Product> pset=new HashSet<Product>();
    public Set<Product> getPset(){
        return pset;
    }
    public void setPset(Set<Product> pset){
        this.pset = pset;
    }
    public String getCatid(){
        return catid;
    }
    public void setCatid(String catid){
        this.catid = catid;
    }
    public String getName(){
```

```
        return name;
    }
    public void setName(String name){
        this.name = name;
    }
    public String getDescn(){
        return descn;
    }
    public void setDescn(String descn){
        this.descn = descn;
    }
}
```

Product 类代码如下：

```
package com.hkd.entity;
import java.util.HashSet;
import java.util.Set;
public class Product {
    private String productid;
    private String name;
    private String descn;
    private Category category;
    private Set<Item> iset=new HashSet<Item>();
    public Set<Item> getIset(){
        return iset;
    }
    public void setIset(Set<Item> iset){
        this.iset = iset;
    }
    public String getProductid(){
        return productid;
    }
    public void setProductid(String productid){
        this.productid = productid;
    }
    public Category getCategory(){
        return category;
    }
    public void setCategory(Category category){
        this.category = category;
    }
    public String getName(){
        return name;
    }
    public void setName(String name){
        this.name = name;
    }
    public String getDescn(){
        return descn;
```

```
    }
    public void setDescn(String descn){
        this.descn = descn;
    }
}
```

Item 类代码如下：

```
package com.hkd.entity;
import java.util.HashSet;
import java.util.Set;
public class Item {
    private String itemid;
    private double listprice;
    private double unitcost;
    private String status;
    private String attr1;
    private Product product;
    private Inventory inventory;
public Product getProduct(){
        return product;
    }
    public void setProduct(Product product){
        this.product = product;
    }
public Inventory getInventory(){
        return inventory;
    }
    public void setInventory(Inventory inventory){
        this.inventory = inventory;
    }
    public String getItemid(){
        return itemid;
    }
    public void setItemid(String itemid){
        this.itemid = itemid;
    }
    public double getListprice(){
        return listprice;
    }
    public void setListprice(double listprice){
        this.listprice = listprice;
    }
    public double getUnitcost(){
        return unitcost;
    }
    public void setUnitcost(double unitcost){
        this.unitcost = unitcost;
    }
```

```
    public String getStatus(){
        return status;
    }
    public void setStatus(String status){
        this.status = status;
    }
    public String getAttr1(){
        return attr1;
    }
    public void setAttr1(String attr1){
        this.attr1 = attr1;
    }
}
```

Inventory 类代码如下：

```
package com.hkd.entity;
public class Inventory {
    private String itemid;
    private int qty;
    private Item item;
    public Item getItem(){
        return item;
    }
    public void setItem(Item item){
        this.item = item;
    }
    public String getItemid(){
        return itemid;
    }
    public void setItemid(String itemid){
        this.itemid = itemid;
    }
    public int getQty(){
        return qty;
    }
    public void setQty(int qty){
        this.qty = qty;
    }
}
```

程序说明：

根据关系模型中数据表的表结构及表和表之间的外键关联关系来生成对象模型，不仅要求对象模型中的属性和关系模型中的表结构一一对照，还要求在对象模型中体现实体和实体的映射关联关系，因为要配置的对象模型都是双向关系，不管是双向的一对多还是双向的一对一，在双方类中都要定义对方类的对象。其中，双向的一对多关系的对象模型要求在“一”的一方类中定义“多”的一方对象的集合属性，在“多”的一方类中定义“一”的一方类的对象属性。

2．编写映射文件

category.hbm.xml 映射文件代码如下：

```
<?xml version="1.0" encoding="UTF-8"?>
<!DOCTYPE hibernate-mapping PUBLIC
   "-//Hibernate/Hibernate Mapping DTD 3.0//EN"
   "http://hibernate.sourceforge.net/hibernate-mapping-3.0.dtd">
<hibernate-mapping package="com.hkd.entity">
<class name="Category">
<id name="catid">
<generator class="assigned"/>
</id>
<property name="name"/>
<property name="descn"/>
<set name="pset">
<key column="category"/>
<one-to-many class="Product" />
</set>
</class>
</hibernate-mapping>
```

product.hbm.xml 映射文件代码如下：

```
<?xml version="1.0" encoding="UTF-8"?>
<!DOCTYPE hibernate-mapping PUBLIC
   "-//Hibernate/Hibernate Mapping DTD 3.0//EN"
   "http://hibernate.sourceforge.net/hibernate-mapping-3.0.dtd">
<hibernate-mapping package="com.hkd.entity">
<class name="Product">
<id name="productid">
<generator class="assigned"/>
</id>
<property name="name"/>
<property name="descn"/>
<many-to-one name="category" />
<set name="iset">
<key column="productid"/>
<one-to-many class="Item"/>
</set>
</class>
</hibernate-mapping>
```

item.hbm.xml 映射文件代码如下：

```
<?xml version="1.0" encoding="UTF-8"?>
<!DOCTYPE hibernate-mapping PUBLIC
   "-//Hibernate/Hibernate Mapping DTD 3.0//EN"
   "http://hibernate.sourceforge.net/hibernate-mapping-3.0.dtd">
<hibernate-mapping package="com.hkd.entity">
```

```
<class name="Item">
<id name="itemid">
<generator class="assigned"/>
</id>
<property name="listprice"/>
<property name="unitcost"/>
<property name="status"/>
<property name="attr1"/>
<many-to-one name="product" column="productid"/>
<one-to-one name="inventory"/>
</class>
</hibernate-mapping>
```

inventory.hbm.xml 映射文件代码如下：

```
<?xml version="1.0" encoding="UTF-8"?>
<!DOCTYPE hibernate-mapping PUBLIC
    "-//Hibernate/Hibernate Mapping DTD 3.0//EN"
    "http://hibernate.sourceforge.net/hibernate-mapping-3.0.dtd">
<hibernate-mapping package="com.hkd.entity">
<class name="Inventory">
<id name="itemid">
<generator class="foreign">
<param name="property">item</param>
</generator>
</id>
<property name="qty"/>
<one-to-one name="item" constrained="true"/>
</class>
</hibernate-mapping>
```

程序说明：

（1）配置双向的一对多关系，在“一”的一方用<set>标签和<one-to-many>标签来配置。

（2）本例中双向的一对一关系采用主键关联策略来配置。

（3）因为 Item 类的属性较多，为了测试方便，在 item.hbm.xml 映射文件中并没有对所有的属性进行配置。在映射文件的编写中，根据需要可以不必对所有属性进行配置。但是，没有配置的属性是不能和关系模型中数据表的字段进行一一对照的。

3. 进行测试

在测试类中，编写测试方法实现对这四个表的数据插入，来检测对象模型及映射文件的编写是否正确。

在包 com.hkd.test 下编写测试类 TestORM，在测试类中编写测试方法 testAdd()，测试方法代码如下：

```
@Test
public void testAdd()
{
```

```
        Configuration cfg=new Configuration().configure();
        SessionFactory sf=cfg.buildSessionFactory();
        Session session=sf.openSession();
        Transaction ts=null;
        try {
            ts=session.beginTransaction();
            Category category=new Category();
            category.setCatid("测试 c10014");
            category.setName("猫类");
            category.setDescn("略");
            Product product=new Product();
            product.setProductid("测试 p10014");
            product.setName("小猫");
            product.setDescn("略");
            product.setCategory(category);
            Item item=new Item();
            item.setItemid("测试 i10014");
            item.setListprice(12.5);
            item.setUnitcost(12.5);
            item.setStatus("ok");
            item.setAttr1("large");
            item.setProduct(product);
            Inventory inventory=new Inventory();
            inventory.setItem(item);
            inventory.setQty(10000);
            session.save(category);
            session.save(product);
            session.save(item);
            session.save(inventory);
            ts.commit();
        } catch (HibernateException e){
            // TODO Auto-generated catch block
            ts.rollback();
        }
        finally
        {
            session.close();
        }
    }
```

运行该程序。

控制台 Console 下面显示：

```
    Hibernate: insert into Category (name, descn, catid)values (?, ?, ?)
    Hibernate: insert into Product (name, descn, category, productid)values
(?, ?, ?, ?)
    Hibernate: insert into Item (listprice, unitcost, status, attr1, productid,
itemid)values (?, ?, ?, ?, ?, ?)
    Hibernate: insert into Inventory (qty, itemid)values (?, ?)
```

查看数据表，在 Category 表、Product 表、Item 表、Inventory 表中分别插入一条记录，这表明对象模型和映射文件的编写都是正确的。

4.5.3 知识点总结

本章主要介绍 Hibernate 关联映射关系中的一对多、多对一、一对一、多对多关系。对于每种关联关系，本章分别采用配置映射文件的方式和注解方式来实现。

在项目案例中，采用配置映射文件的方式实现从关系模型向对象模型的转换。其中，在 Category 表和 Product 表之间配置双向的一对多关系、在 Product 表和 Item 表之间配置双向的一对多关系，在 Item 表和 Inventory 表之间配置双向的一对一关系。

Hibernate 关联映射关系是 Hibernate 框架的重点内容，是最能体现 Hibernate 对象关系映射思想的一个部分。另外，Hibernate 关联映射关系在 Hibernate 知识体系中处于承上启下的地位，既需要以第 3 章的知识内容作为支撑，又对第 5 章的 HQL 查询有很大的辅助作用。

4.5.4 拓展与提高

在本章的项目案例中，仅对在线书城的四个表采用配置映射文件的方式实现映射关系的配置，对于在线书城的其他表之间的映射关系的配置，读者可以参考图 4-3 进行配置。另外，本章中还对 Hibernate 注解方式进行了详细说明，读者可以采用注解方式对在线书城主要数据表之间的映射关系进行配置。

习 题 4

1．下面（ ）不属于关系—对象映射的映射信息。

A．程序包名到数据库库名的映射

B．程序类名到数据库表名的映射

C．实体属性名到数据库表字段的映射

D．实体属性类型到数据库表字段类型的映射

2．下面（ ）不是 hibernate.cfg.xml 文件中包含的内容。

A．数据库连接信息

B．Hibernate 属性参数

C．主键生成策略

D．配置方言信息

3．下列属于多对一关系的是（ ）。

A．书和作者

B．商品种类和商品

C．用户和发布的出租信息

D．天空和小鸟

4．下面是某系统中的两个实体类，依此可以得知（ ）。

```
public class Wage{              //月工资实体类
private Long wid;
```

```
private String empName;      //雇员姓名
private String month;        //月份
//Getter & Setter
…
}
public class WageItem{       //工资项
private Wage wage;
private Long iid;
private String itemName;     //项目名称，如基本工资、职位津贴等
private String amount;       //数额
//Getter & Setter
…
}
```

A．Wage 和 WageItem 间存在单向一对多的关联

B．WageItem 和 Wage 间存在单向多对一的关联

C．Wage 和 WageItem 间存在双向一对多的关联

D．Wage 和 WageItem 间存在双向多对一的关联

5．下面关于 Hibernate 核心接口说明中，错误的是（　　）。

A．Configuration 接口：配置 Hibernate，根据其启动 Hibernate，创建 SessionFactory 对象

B．SessionFactory 接口：负责保存、更新、删除、加载和查询对象，是线程不安全的，避免多个线程共享同一个 Session，是轻量级、一级缓存

C．Query 和 Criteria 接口：执行数据库的查询

D．Transaction 接口：管理事务

6．下面关于 Hibernate 中关系的说法中，正确的是（　　）。

A．一对多必须用 Set 来映射

B．多对一必须用 Set 来映射

C．一对多既可以用 Set 来映射，也可以用 List、Map 来映射

D．多对一既可以用 Set 来映射，也可以用 List、Map 来映射

7．Hibernate 对象从临时状态到持久状态转换的方法有（　　）。

A．调用 Session 的 save 方法

B．调用 Session 的 close 方法

C．调用 Session 的 clear 方法

D．调用 Session 的 evict 方法

8．一对一关联映射关系的实现有两种策略，请结合代码对这两种策略进行说明。

9．Hibernate 关联关系映射有哪几种？请简单描述其特点。

第 5 章　Hibernate 查询语言

在项目开发中，对数据进行最多的操作是查询操作，在 JDBC（Java DataBase Connectivity，Java 数据库连接）中，实现查询操作的代码比较复杂、容易出错。Hibernate 框架对 JDBC 进行了封装，支持强大且易于使用的 HQL，实现方便的数据查询操作。另外，Hibernate 框架也支持原生的 SQL 语句，虽然这种方式不是很常用。本章将详细介绍 HQL（Hibernate Query Language，Hibernate 查询语言），并简单介绍原生的 SQL 语句的查询方式。

5.1　HQL

HQL 是一种完全面向对象的查询语言，操作的对象是类、实例、属性等，支持继承和多态等特征。HQL 在语句结构上很像 SQL 的语句结构，但二者存在着本质区别，SQL 的操作对象是数据表和字段等，而 HQL 操作的对象是类、实例及其属性等，在执行过程中，Hibernate 框架会根据映射文件的配置和数据库方言将 HQL 语句转换成可以在相应的数据库中执行的 SQL 语句。

在 Hibernate 中，是通过 Query 接口来执行 HQL 查询的。通过 Query 对象，可以使用 HQL 来执行一系列的数据库操作，Query 接口是 Hibernate 的查询接口，用于在数据库中查询对象，并控制执行查询的过程。Query 接口常用方法如表 5-1 所示。

表 5-1　Query 接口常用方法

方法	作用
setter 方法	Query 接口提供了一系列的 setter 方法用于设置查询语句中的参数
list()方法	list()方法用于执行查询语句，并将查询结果以 List 类型返回
iterator()方法	iterator()方法也用于执行查询语句，返回的结果是一个 Iterator 对象，在读取时只能按照顺序方式读取
uniqueResult()方法	uniqueResult()方法用于返回唯一的结果，在确保最多只有一个记录满足查询条件的情况下可以使用该方法
executeUpdate()方法	executeUpdate()方法是 Hibernate 3 提供的新特性，可以使用它支持 HQL 语句的更新和删除操作，建议更新时采用此方法
setFirstResult()方法	该方法可以设置所获取的第一个记录的位置，从 0 开始计算，用于筛选选取记录的范围
setMaxResults()方法	该方法设置结果集的最大记录数，可以与 setFirstResult()方法结合使用，限制结果集的范围，在实现分页功能时非常有用

利用 HQL 进行查询需要以下 4 个步骤。

1. 获得 Session

```
Configuration cfg=new Configuration().configure();
SessionFactory sf=cfg.buildSessionFactory();
Session session=sf.openSession();
```

2. 编写 HQL 语句

```
String hql="select qxname from Qx";
```

上面这条 HQL 语句虽然与传统的 SQL 语句非常相似，但一定要注意的是，HQL 查询语句查询的是类，以上面的这条语句为例，其中 Qx 表示 Qx 类，qxname 表示 Qx 类中的属性。

3．创建 Query

```
Query query=session.createQuery(hql);
```

4．执行查询，获得结果集

```
List list=query.list();
```

HQL 的主要作用是进行数据查询，但在 Hibernate 3 之后，Hibernate 框架对 HQL 的功能进行了扩展，它不仅可以进行数据查询，还可以进行更新和删除操作。而更新和删除主要借助 executeUpdate()方法。

5.2　HQL 常用查询操作

5.2.1　单一属性查询

所谓单一属性查询，指的是查询某类中的某个属性，查询结果为该属性的结果集列表，列表中的元素类型和实体类中该属性的类型一致。

【例 5-1】 查询员工类中的员工姓名属性，并进行输出。

编写测试类 TestQuery，为了便于测试，在测试类 TestQuery 中编写 init 方法实现对数据的初始化，编写 close 方法实现资源的关闭。代码如下：

```
Configuration cfg=null;
    SessionFactory sf=null;
    Session session=null;
    @Before
    public void init(){
        // 1.创建 configuration
        cfg = new Configuration().configure();
        // 2.创建 sessionfactory
        sf = cfg.buildSessionFactory();
    }
    @After
    public void close()
    {
        if(session!=null)
            session.close();
    }
```

@Before 注解标签表示在测试方法执行前执行，@After 注解标签表示在测试方法执行后执行。将每个测试方法都需要的创建 configuration 和 sessionfactory 操作抽取出来放在 init 方法中，将关闭资源部分放在 close 方法中，能大大减少代码编写量。

单一属性查询的测试方法代码如下：

```
@Test
    public void testSingle(){
        session=sf.openSession();
        String hql="select ename from Employee";
        Query query=session.createQuery(hql);
        List<String> list=query.list();
        for(String name:list)
            System.out.println(name);
        }
```

程序说明：

```
String hql="select ename from Employee";
```

中的 ename 表示 Employee 类的属性，Employee 表示 Employee 类，因此和传统 SQL 语句不区分大小写不同，HQL 语句是对大小写敏感的。

5.2.2 多个属性查询

所谓多个属性查询，指的是查询某类中多个属性，查询结果为对象数组列表，列表中的元素类型为对象数组，对象数组的长度取决于所要查询的属性的个数，对象数组中元素的类型取决于属性在实体类中的类型。

【例 5-2】 查询员工类中的员工编号、姓名，并进行输出。

编写测试方法，代码如下：

```
// 2.多个属性查询
    @Test
    public void testMany(){
        session = sf.openSession();
        String hql = "select eid,ename from Employee";
        Query query = session.createQuery(hql);
        List list = query.list();
        for (int i = 0; i < list.size(); i++){
            Object[] einfo = (Object[])list.get(i);
            System.out.print(einfo[0].toString()+ "\t");
            System.out.println(einfo[1].toString());
        }
    }
```

程序说明：

（1）String hql = "select eid,ename from Employee";：本例中要查询的属性为 eid 和 ename，因此，本例为多个属性查询的范畴。

（2）Object[] einfo = (Object[])list.get(i);：列表中的元素类型为对象数组。

5.2.3 对象查询

上例中的多个属性查询的返回结果为对象数组的列表，操作起来非常不方便。HQL 中还提供了一种返回结果为对象的查询，例如 HQL 语句：“from Employee”。这种查询语句书写简练，功能强大，返回的结果为 Employee 对象，前提条件是 Employee 类中必须有一个无参数的构造方法。

【例 5-3】 使用对象查询的方式，实现对 Employee 类的查询。

```
@Test
    public void testObject(){
        session = sf.openSession();
        String hql = "from Employee";
        Query query = session.createQuery(hql);
        List<Employee> list = query.list();
        for(Employee emp:list)
            System.out.println(emp.getEid()+";"+emp.getEname());
    }
```

5.2.4　where 直接查询

无论是 from 子句还是 select 子句，都可以使用 where 子句得到条件查询的结果。所谓 where 直接查询指的是在 where 子句中直接写入参数值的方式。

在 where 子句中，可以使用 SQL 语句中能够使用的大多数运算符和函数等来指定筛选条件，例如比较运算符和逻辑运算符。比较运算符有：=、<>、!=、>、<、>=、between、not between、in、not in、is、like、is null 等。逻辑运算符有：not、and、or 等。

【例 5-4】 查询员工类中的员工姓名是"tom"的员工，并进行输出。

```
@Test
    public void testWhere1(){
        session = sf.openSession();
        String hql = "from Employee where ename='tom'";
        Query query = session.createQuery(hql);
        List<Employee> list = query.list();
        for(Employee emp:list)
            System.out.println(emp.getEid()+";"+emp.getEname());
    }
```

5.2.5　where 参数查询

HQL 的 where 子句支持参数查询，可以通过传递参数的方式进行数据查询。HQL 有两种参数传递形式：一种是位置占位符，另一种是名称占位符。

【例 5-5】 使用 where 参数查询的方式查询员工类中的其名为"jack"的员工。

```
@Test
    public void testWhere2(){
        session = sf.openSession();
        String hql = "from Employee where ename=?";
        Query query = session.createQuery(hql);
        query.setString(0, "jack");
        List<Employee> list = query.list();
        for(Employee emp:list)
```

```
            System.out.println(emp.getEid()+";"+emp.getEname());
    }
```

程序说明：

（1）String hql = "from Employee where ename=?";：本例中的 HQL 语句中的参数采用位置占位符的方式传递。通过 query.setString(0, "jack")语句来设置相应位置的参数，其中 0 表示第一个参数。

（2）HQL 还支持名称占位符的参数传递方式，例如：

```
String hql = "from Employee where ename=:param";
```

可以通过 query 对象来设置参数的值，代码如下：

```
query.setString("param", "jack");
```

5.2.6 多表连接查询

HQL 支持通过外键关联实现的连接查询，但不建议使用这种方式，HQL 的连接查询可以通过配置两个类或多个类之间的关联映射关系来实现多表连接查询。

【例 5-6】 以第 4 章例 4-4 中的国家类（Country 类）和城市类（City 类）为例，实现国家名称 coname 和城市名称 cname 的查询。

首先需要配置国家类和城市类之间的一对多的关联映射关系，这些工作在第 4 章例 4-4、例 4-5 中已经完成，在此不再赘述。本章仅介绍这两个类的连接查询，测试代码如下所示。

```
@Test
    public void testJoinQuery(){
        session = sf.openSession();
        String hql = "from Country";
        Query query = session.createQuery(hql);
        List<Country> list = query.list();
        for(Country country:list)
        {
            System.out.print(country.getConame()+":");
            Set<City> cset=country.getCset();
            Iterator it=cset.iterator();
            while(it.hasNext())
            {
                City city=(City)it.next();
                System.out.print(city.getCname()+",");
            }
            System.out.println();
        }
    }
```

程序说明：

只要类之间的关联映射关系配置好，连接查询就是一件非常简单的事情了。通过 HQL 语句"from Country"可以实现国家类和城市类之间的连接查询。

5.2.7　分页与汇总

1．分页

分页查询是数据库开发中常用的操作，对于 JDBC 数据库编程来说，不同的数据库的分页查询语句是不同的。例如，Oracle 数据库需要使用 rownum 关键字，MySQL 数据库需要使用 limit 关键字，而 SQL Server 数据库需要使用 top 关键字，Hibernate 对 JDBC 数据库进行了封装，在分页操作上实现了统一。

Hibernate 的 Query 接口提供了两个方法以实现分页：setFirstResult（int）设置第一条记录开始的位置，setMaxResults（int）设置返回的纪录总条数。

【例 5-7】 实现对 Employee 类的查询，要求返回前三条记录。

```
@Test
public void testFenye(){
    session = sf.openSession();
    String hql = "from Employee";
    Query query = session.createQuery(hql);
    query.setFirstResult(0);
    query.setMaxResults(3);
    List<Employee> list = query.list();
    for(Employee emp:list)
        System.out.println(emp.getEid()+";"+emp.getEname());
}
```

程序说明：

query.setFirstResult(0)语句设置第一条记录开始的位置，注意起始值是从 0 开始的。

2．汇总

HQL 支持在查询的属性上使用汇总函数。这些汇总函数有：计算查询的属性的平均值函数 avg()，计算查询的属性的总和函数 sum()，返回查询的属性的最小值函数 min()，返回查询的属性的最大值函数 max()，统计查询对象的数量函数 count()。

通过 Query 接口的 uniqueResult()函数来获得汇总函数的值。下面以计算员工表中记录总数为例进行举例说明。

【例 5-8】 统计 Employee 类中的员工总数。

```
@Test
    public void testCount(){
        session = sf.openSession();
        String hql = "select count(emp)from Employee emp";
        Query query = session.createQuery(hql);
        long count=(Long)query.uniqueResult();
        System.out.println(count);
    }
```

其他汇总函数的使用大同小异，在此不再赘述。

5.3 原生 SQL 查询

HQL 虽然简单易用、功能强大，但它是不能对存储过程进行操作的，幸亏 Hibernate 也支持原生 SQL 查询。通过原生 SQL 语句可以对存储过程进行操作，这在一定程度上弥补了 HQL 查询的短板，完善了 Hibernate 的功能体系。

在 Hibernate 中，原生 SQL 查询可以通过以下三种方式来使用。

1. 类 JDBC 方式

该方式是通过调用 Session 接口的 connection()方法，从而获得数据库连接，进而通过 JDBC 方式来实现对数据库的查询。例如，对 Oracle 存储过程的操作就可以使用这种方式。

【例 5-9】 通过原生 SQL 查询方式实现对 Oracle 存储过程的操作。

首先创建 Oracle 存储过程，实现统计员工表的记录数。

```
create or replace procedure selEmployee
(total out number)
as
begin
  select count(*)into total  from emp;
end;
```

编写测试方法进行测试。

```
@Test
    public void testProcedure()throws SQLException {
        session = sf.openSession();
        Connection conn=session.connection();
        CallableStatement cs=null;
        cs=conn.prepareCall("call selEmployee(?)");
        cs.registerOutParameter(1, Types.INTEGER);
        cs.execute();
        int count=cs.getInt(1);
        System.out.println(count);
    }
```

程序说明：

通过 session.connection()方法建立数据库连接，接下来的操作就和 JDBC 方式完全一样了。因为 Oracle 数据库的存储过程的创建和 MySQL 等其他数据库不同，对 Oracle 存储过程的操作一般要采用类 JDBC 方式。

2. 命名 SQL 查询

Hibernate 使用<sql-query.../>元素来配置命名 SQL 查询，配置<sql-query.../>元素有一个必填的 name 属性，该属性用于指定该命名 SQL 查询的名称。在使用<sql-query.../>元素定义命名查询时，可以包含如下几个元素。

（1）<return.../>：将查询结果转换成持久化实体。

（2）<return-join.../>：预加载持久化实体的关联实体。

（3）<return-scalar.../>：将查询的数据列转换成标量值。

【例 5-10】 通过命名 SQL 查询方式实现对 Employee 实体类对应数据表即 Emp 表的查询。

首先在 Employee.hbm.xml 文件中配置<sql-query.../>，代码如下：

```
<sql-query name="queryEmployee">
<return alias="e" class="com.hkd.entity.Employee"/>
select e.* from emp e
</sql-query>
```

在测试类 TestQuery 中编写单元测试方法，代码如下：

```
@Test
    public void testNameSql() {
        session = sf.openSession();
        Query query=session.getNamedQuery("queryEmployee");
        List<Employee> list=query.list();
        for(Employee emp:list)
            System.out.println(emp.getEname());
    }
```

3．通过 Session 接口的 createSqlQuery()方法

对于一般的 SQL 语句，使用 Session 接口的 createSqlQuery()方法来调用原生 SQL 语句是最简单的一种方式。使用该方法时，可以结合 addEntity()方法来使用，这样可以返回对象列表。

【例 5-11】 通过 createSqlQuery()方法实现对 Employee 实体类对应数据表即 Emp 表的查询。

```
@Test
    public void testSql() {
        session = sf.openSession();
        Query query=session.createSQLQuery("select e.* from emp e")
                .addEntity(Employee.class);
        List<Employee> list=query.list();
        for(Employee emp:list)
            System.out.println(emp.getEname());
    }
```

5.4　项 目 案 例

5.4.1　案例描述

在线书城项目的主要功能模块可完成如下功能：浏览图书类别，浏览图书信息，浏览图书明细信息，浏览图书库存信息及图片，添加到购物车，查询图书信息，结账，确认付费细节及邮寄地址等。在这些功能中，大部分业务都是查询业务。

在本章项目案例中，将在数据持久层对浏览图书信息、浏览图书明细信息、查询图书信息功能以 HQL 查询的方式加以实现。其中，浏览图书信息是对 Product 表的单表查询，浏览

图书明细信息需要使用 Product 表和 Item 表的连接查询；查询图书信息则需要使用分页查询及汇总函数功能。

另外，因为需要保障程序架构的完整性，以及需要为下面章节项目案例进行一些准备工作，所以本章除完成数据持久层的工作外，还要引入业务层并编写相关功能的业务层的代码。

5.4.2 案例实施

1. 数据持久层

数据持久层是使用 Dao 模式来完成的，Dao 模式的 BaseDao 可以参考第 3 章的项目案例，Dao 模式中的实体类及映射文件可以参考第 4 章的项目案例，本章的数据持久层只需完成 Dao 接口和 Dao 接口实现类。

1）浏览图书信息功能及查询图书信息功能

浏览图书信息功能主要是对 Product 表的操作，该功能主要是通过“图书类别”来浏览图书信息的；而查询图书信息功能也是对 Product 表的操作，该功能主要根据“图书描述”来查询相关的图书，并实现分页浏览。因此，这两个功能的接口函数都可以写在接口 ProductDao 中。

（1）Dao 接口——ProductDao

```
public interface ProductDao {
    public ArrayList<Product> getProductByCid(String categoryid);
    public ArrayList<Product> getProductByDesc(String descn,int pageno);
    public long getProductCount(String name);
}
```

（2）Dao 接口实现类——ProductDaoImp

```
public class ProductDaoImp extends BaseDao implements ProductDao {
    public ArrayList<Product> getProductByCid(String categoryid){
        Session session=this.getSession();
        String hql="from Product where category=?";
        Query query=session.createQuery(hql);
        query.setString(0, categoryid);
        ArrayList<Product> list=(ArrayList<Product>)query.list();
        return list;
    }
    public ArrayList<Product> getProductByDesc(String descn, int pageno){
        Session session=this.getSession();
        String hql="from Product where descn like '%"+descn+"%'";
        Query query=session.createQuery(hql);
        query.setFirstResult((pageno-1)*4);
        query.setMaxResults(4);
        ArrayList<Product> list=(ArrayList<Product>)query.list();
        return list;
    }
    public long getProductCount(String name){
        Session session=this.getSession();
        String hql="select count(p)from Product p where descn like '%"+name+"%'";
        Query query=session.createQuery(hql);
        long count=(Long)query.uniqueResult();
```

```
        return count;
    }
}
```

2）浏览图书明细信息功能实现

该功能主要通过“图书编号”查找图书明细信息。涉及的表有 Product 表和 Item 表，需要对这两个表进行关联查询。在 Hibernate 部分，只要配置好这两个表的关联映射关系，关联查询就是一件非常简单的工作了，我们选定 Item 表对应的 Item 类作为“主”的一方，从 Item 类进行查询。

（1）Dao 接口——ItemDao

```
public interface ItemDao {
    public ArrayList<Item> getInfoByPid(String productid);
}
```

（2）Dao 接口实现类——ItemDaoImp

```
public class ItemDaoImp extends BaseDao implements ItemDao {
    public ArrayList<Item> getInfoByPid(String productid){
        Session session=this.getSession();
        String hql="from Item where productid=?";
        Query query=session.createQuery(hql);
        query.setString(0, productid);
        ArrayList<Item> list=(ArrayList<Item>)query.list();
        return list;
    }
}
```

2. 业务层

Hibernate 主要完成数据持久层的工作，因为在下一章中介绍表示层的内容，并且在三层架构中表示层调用业务层，业务层调用数据持久层，层和层之间是单向的调用关系，所以为了后续章节介绍方便，在本章的项目案例中将实现相关功能的业务层代码的编写。

1）浏览图书信息功能及查询图书信息功能

（1）Service 接口

```
public interface ProductService {
    public ArrayList<Product> getProductByCid(String categoryid);
    public ArrayList<Product> getProductByDesc(String descn,int pageno);
    public long getProductCount(String name);
}
```

（2）Service 接口实现类

```
public class ProductServiceImp implements ProductService {
    ProductDao pd=new ProductDaoImp();
    @Override
    public ArrayList<Product> getProductByCid(String categoryid){
        ArrayList<Product> plist=pd.getProductByCid(categoryid);
        return plist;
    }
    @Override
```

```
    public ArrayList<Product> getProductByDesc(String descn, int pageno){
        // TODO Auto-generated method stub
        return pd.getProductByDesc(descn, pageno);
    }
    @Override
    public long getProductCount(String name){
        // TODO Auto-generated method stub
        return pd.getProductCount(name);
    }
}
```

2）浏览图书明细信息功能业务层实现

（1）Service 接口

```
public interface ItemService {
    public ArrayList<Item> getInfoByPid(String productid);
}
```

（2）Service 接口实现类

```
public class ItemServiceImp implements ItemService {
    ItemDao id=new ItemDaoImp();
    @Override
    public ArrayList<Item> getInfoByPid(String productid){
        ArrayList<Item> ilist=id.getInfoByPid(productid);
        return ilist;
    }
}
```

可以在在线书城项目 OnLine_BookStore 中编写测试类 TestQuery，分别对以上功能的业务层进行测试，代码如下：

```
@Test
    public void testProduct()
    {
        ProductServiceImp psi=new ProductServiceImp();
        ArrayList<Product> list=psi.getProductByCid("FISH");
        for(Product product:list)
            System.out.println(product.getName());
    }
    @Test
    public void testItem()
    {
        ItemServiceImp isi=new ItemServiceImp();
        ArrayList<Item> list=isi.getInfoByPid("FI-SW-01");
        for(Item item:list)
            System.out.println(item.getItemid());
    }
@Test
    public void testProductFenye()
    {
        ProductServiceImp psi=new ProductServiceImp();
```

```
        ArrayList<Product> list=psi.getProductByDesc("d", 1);
        for(Product product:list)
            System.out.println(product.getName());
    }
```

程序说明：

因为在业务层实现类中是通过调用数据持久层的方法来实现相关功能的，而在测试类的测试方法中是通过调用业务层的方法来实现测试的，所以测试类在这里充当的是表示层的角色。在本章的项目案例中，通过程序代码展现了三层架构的一般特点，即表示层调用业务层、业务层调用数据持久层，层和层之间是单向的调用关系。

5.4.3　知识点总结

在本章的项目案例中，运用本章的重点知识 HQL 实现了浏览图书信息、浏览图书明细信息、查询图书信息功能的数据持久层。在本案例的实现中，重点使用了 HQL 查询操作中的对象查询、where 参数查询、多表连接查询、分页查询、汇总查询等。另外，本章项目案例中还编写了相关功能的业务层，体现了三层架构的特点。

5.4.4　拓展与提高

在线书城的大部分业务都是查询业务，本章项目案例中仅对其中两个功能使用 HQL 的方式进行实现。读者可以参考这两个功能的实现方式来实现其他功能，并编写相关功能的业务层代码。

习　题　5

1．在 Hibernate 中，不能用于执行查询语句的对象是（　　）。

A．Session　　B．Transaction　　C．Query　　D．都不行

2．已知系统中 Tbl_user 表对应的实体类是 TblUser，下列 HQL 语句中正确的是（　　）。

A．from Tbl_User

B．select * from tbluser

C．select TblUser from TblUser

D．from TblUser t where t.uname = "15"

3．下面代码的执行效果是（　　）。

```
String hql = "from TblStudent s order by s.score asc";
Query query = session.createQuery(hql);
query.setFirstResult(0);
query.setMaxResults(5);
return query.list();
```

A．返回分数最高的 5 个学生

B．返回分数最高的 6 个学生

C．返回分数最低的 5 个学生

D．返回分数最低的 6 个学生

4．下面 HQL 语句的含义是（　　）。

```
select stu
from TblStudent stu
where stu.score > ( select avg(score)from TblStudent )
```

A．查询所有学生的平均分

B．查询得分大于平均分的学生的成绩

C．查询得分最高的学生

D．查询得分大于平均分的学生

5．与数据库表 Account 对应的实体类为 Account 类，以下 HQL 语句中错误的是（　　）。

A．select * from Account

B．From Account

C．From Account as model

D．Select * from account

6．关于 HQL 查询，下列说法中错误的是（　　）。

A．HQL 查询的 Select 子句中必须区分大小写

B．HQL 支持统计函数

C．HQL 支持仅查询对象的某几个属性，并将查询结果保存在 Object 数组中

D．HQL 语句可以实现类似于 PreparedStatement 的效果

7．在 Hibernate 中，若下面代码实现了对 Account 实体中 accountName 属性的模糊查询，则下列说法中正确的是（　　）。

```
Session session=this.getSession();
String hql="from Account model where model.accountName like ?";    //(1)
Query query=session.createQuery(hql);                              //(2)
query.setString(0,"%张%");                                          //(3)
List list=query.list();                                            //(4)
```

A．第（1）行中，Account 与 model 之间必须有 as 关键字

B．第（2）行中没有错误

C．第（3）行应该为：query.setString(0,"张飞");

D．第（4）行应该为：List list=query.executeQuery();

8．关于 HQL 与 SQL，以下哪些说法正确？（　　）

A．HQL 与 SQL 没什么差别

B．HQL 面向对象，而 SQL 操纵关系数据库

C．在 HQL 与 SQL 中，都包含 Select、Insert、Update、Delete 语句

D．HQL 仅用于查询和删除数据，不支持 Insert、Update 语句

9．Hibernate 利用 HQL 语句进行查询分为哪些步骤？分别是什么？

10．Hibernate 的 HQL 语句是如何实现分页的?

第 6 章　Spring MVC 框架开发初步

6.1　Spring MVC 概述

6.1.1　Spring MVC 简介

Spring MVC 属于 SpringFrameWork 的后续产品，已经融合在 Spring Web Flow 里。Spring 框架提供了构建 Web 应用程序的全功能 MVC 模块。使用 Spring 可插入的 MVC 架构，从而在使用 Spring 进行 Web 开发时，可以选择使用 Spring 的 Spring MVC 框架或集成其他 MVC 开发框架，如 Struts1（现在一般不用）、Struts2（老项目使用）等。通过策略接口，Spring 框架是高度可配置的，而且包含多种视图技术，如 JSP（Java Server Pages）技术、Velocity、Tiles、iText 和 POI。因为 Spring MVC 框架并不知道使用的视图，所以不会强迫开发者只使用 JSP 技术。Spring MVC 分离了控制器、模型对象、过滤器及处理程序对象的角色，这种分离使它们更易于定制。

Spring MVC 是一种基于 Java 的、实现了 Web MVC 设计模式的请求驱动类型的轻量级 Web 框架。Spring MVC 使用了 MVC 架构模式的思想，对 Web 层进行职责解耦，使用 Spring MVC 框架可以简化表示层的开发。

6.1.2　MVC 设计模式

使用 MVC（Model-View-Controller）设计模式可将待开发的应用程序分解为三个独立的部分：模型、视图和控制器。提出这种设计模式主要是因为应用程序中用来完成任务的代码——模型（也称为“业务逻辑”）通常是程序中相对稳定的部分，并且会被重复地使用；而程序与用户进行交互的页面——视图却是经常改变的。如果因需要更新页面而不得不对业务逻辑代码进行改动，或者要在不同的模块中应用相同的功能而重复地编写业务逻辑代码，则不仅延长了整体程序开发的进程，而且会使程序变得难以维护。因此，将业务逻辑代码与视图呈现分离，将会更容易地根据需求的改变来改进程序。

（1）视图（View）代表用户交互界面，对于 Web 应用来说，可以概括为 HTML 界面，但有可能是 XHTML、XML 和 Applet。随着应用的复杂性和规模性，界面的处理也变得具有挑战性。一个应用可能有很多不同的视图，MVC 设计模式对于视图的处理仅限于视图上数据的采集和处理，以及用户的请求，而不包括在视图上的业务流程的处理。业务流程的处理交给模型（Model）处理。比如，一个订单的视图只接收来自模型的数据并显示给用户，以及将用户界面的输入数据和请求传递给控制和模型。

（2）模型（Model）：完成业务流程/状态的处理及业务规则的制定。业务流程的处理过程对其他层来说是暗箱操作，模型接收视图请求的数据，并返回最终的处理结果。业务模型的设计可以说是 MVC 的核心。目前流行的 EJB（Enterprise Java Bean，企业 Java Bean）模型就是一个典型的应用例子，它从应用技术实现的角度对模型做了进一步的划分，以便充分利用现有的组件，但它不能作为应用设计模型的框架。它仅仅告诉开发者按这种模型设计就可以利用某些技术组件，从而减少了技术上的困难。对一个开发者来说，就可以专注于业务模型的设计。MVC 设计模式告诉开发者，把应用的模型按一定的规则抽取出来，抽取的层次很重要，这也是判断开发者是否优秀的依据。抽象与具体不能隔得太远，也不能太近。MVC 并没有提供模型的设计方法，而只告诉开发者应该组织管理这些模型，以便于模型的重构和提高重用性。例如可以用对象编程来做比喻，MVC 定义了一个顶级类，告诉它的子类能做这些工作，但没法限制它的子类只能做这些工作。这一点对编程的开发者非常重要。业务模型还有一个很重要的模型——数据模型。数据模型主要指实体对象的数据保存（持续化）。比如将一张订单保存到数据库，从数据库获取订单。开发者可以将这个模型单独列出，所有有关数据库的操作只限制在该模型中。

（3）控制器（Controller）可以理解为从用户接收请求，将模型与视图匹配在一起，共同完成用户的请求。划分控制层的作用也很明显，它清楚地告诉开发者，它就是一个分发器，选择什么样的模型，选择什么样的视图，可以完成什么样的用户请求。控制层不做任何的数据处理。例如，用户单击一个超链接，控制层接收请求后，并不处理业务信息，它只把用户的信息传递给模型，告诉模型做什么，选择符合要求的视图返回给用户。因此，一个模型可能对应多个视图，一个视图可能对应多个模型。

MVC 设计模式可以带来更好的软件结构，MVC 要求对应用分层，虽然要做额外的工作，但产品的结构清晰，产品的应用通过模型可以得到更好的体现。MVC 设计模式有利于分工部署，降低耦合性，提高可维护性，提高应用程序的重用性。但是，MVC 的设计实现并不容易，MVC 虽然概念简单，但对开发者的要求比较高。另外，MVC 只是一种基本的设计思想，还需要详细的设计规划。

MVC 模式设计思想如图 6-1 所示。

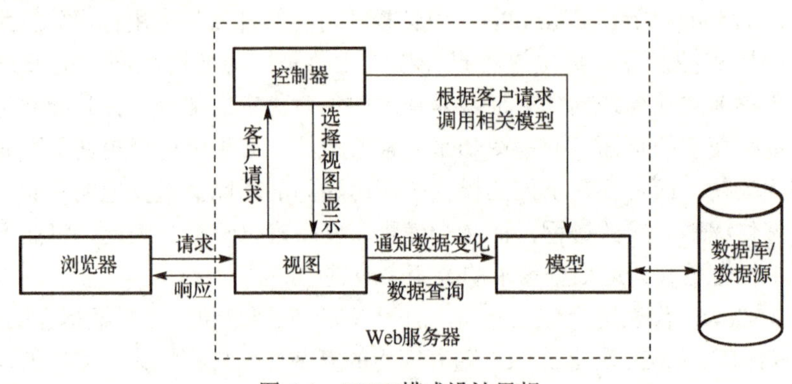

图 6-1 MVC 模式设计思想

目前，一些比较优秀的框架是遵循MVC设计模式来设计的，例如Struts2框架、Spring MVC框架。

6.1.3 Spring MVC 工作原理

Spring MVC 框架主要由 DispatcherServlet（前端控制器）、HandlerMapping（处理器映射）、Controller（控制器）、ViewResolver（视图解析器）、视图组成，其工作原理，如图 6-2 所示。

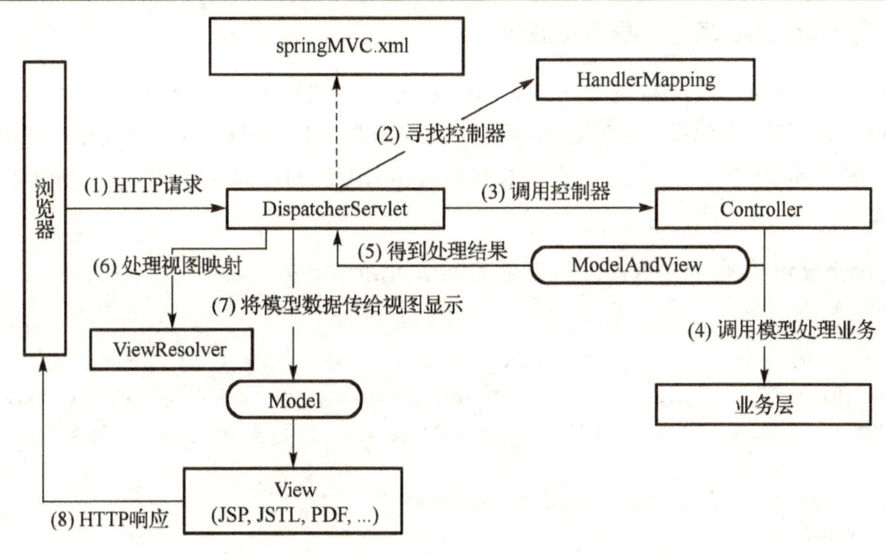

图 6-2　Spring MVC 工作原理

从图 6-2 可总结出 Spring MVC 的工作流程如下。

（1）客户端将请求提交到 DispatcherServlet。

（2）由 DispatcherServlet 寻找一个或多个 HandlerMapping，找到处理请求的 Controller。

（3）DispatcherServlet 将请求提交到 Controller。

（4）Controller 调用业务逻辑处理后，返回 ModelAndView。

（5）DispatcherServlet 寻找一个或多个 ViewResolver，找到 ModelAndView 指定的视图。

（6）视图负责将结果显示到客户端。

6.1.4　Spring MVC 和 Struts2 框架的对比

Spring MVC 和 Struts2 框架的对比如下。

（1）Spring MVC 的入口是一个 Servlet 即前端控制器，而 Struts2 入口是一个 Filter（过滤器）。

（2）Spring MVC 基于方法开发（一个 url 对应一个方法），请求参数传递到方法形参，可以设计为单例或多例（建议单例）。Struts2 基于类开发，通过类的属性传递参数，只能设计为多例。

（3）Struts2 采用值栈存储请求和响应的数据，通过 OGNL 存取数据。Spring MVC 通过参数解析器将 Request 请求内容解析，并给方法形参赋值，将数据和视图封装成 ModelAndView 对象，最后又将 ModelAndView 中的模型数据通过 Request 域传输到页面。JSP 视图解析器默认使用 JSTL。

6.2　Spring MVC 开发环境的搭建

搭建 Spring MVC 开发环境通常需要如下步骤。

1．新建 Java Web 项目，导入资源包

使用 Eclipse 开发工具，新建 Dynamic Web Project，项目名为 chapter6_1，从 Spring 的官网下载相应的 jar 包，将这些 jar 包复制到项目 chapter6_1 的 WebContent\WEB-INF\lib 下，这样就可以将需要的 jar 包导入项目中了。本书 Spring MVC 的资源包采用的是 Spring 3 版本的 jar 包。

2．在 web.xml 文件中配置前端控制器 DispatcherServlet

```
<?xml version="1.0" encoding="UTF-8"?>
<web-app xmlns:xsi="http://www.w3.org/2001/XMLSchema-instance" xmlns="http://java.sun.com/xml/ns/javaee"  xsi:schemaLocation="http://java.sun.com/xml/ns/javaee http://java.sun.com/xml/ns/javaee/web-app_2_5.xsd"id="WebApp_ID"version="2.5">
  <display-name>chapter6_1</display-name>
     <servlet>
    <servlet-name>hello</servlet-name>
    <servlet-class>
        org.springframework.web.servlet.DispatcherServlet
    </servlet-class>
    <init-param>
     <param-name>contextConfigLocation</param-name>
     <param-value>classpath*:config/Spring MVC.xml</param-value>
     </init-param>
    <load-on-startup>1</load-on-startup>
</servlet>
<servlet-mapping>
   <servlet-name>hello</servlet-name>
   <url-pattern>/</url-pattern>
</servlet-mapping>
</web-app>
```

程序说明：

前端控制器的配置比较类似于 Servlet 的配置方法，需要分别配置<servlet>标签和<servlet-mapping>标签，其中<servlet>标签和<servlet-mapping>标签中的<servlet-name>是可以自定义的，但一定要保持一致，<servlet>标签中的<servlet-class>要求是前端控制器 DispatcherServlet 的完整类路径，而<servlet-mapping>中的<url-pattern>一般为“/”，表示对所有的请求都要过滤。

另外，在<servlet>标签中还要配置初始化参数，配置的内容为 Spring MVC 框架的核心配置文件的路径，系统会自动从该路径下加载配置文件。如果在<servlet>标签中不配置初始化参数，则系统会在 WEB-INF 下加载“hello-servlet.xml”配置文件，其中 hello 是 web.xml 文件中配置的 servlet-name，如果找不到这个文件，则会报错。

3．编写控制器 Controller

在 src 源文件夹下创建包 com.hkd.controller，在该包下编写 Helloworld 类，并继承 Controller 接口。重写 Controller 接口的 handleRequest 方法，代码如下：

```
package com.hkd.controller;
import javax.servlet.http.HttpServletRequest;
import javax.servlet.http.HttpServletResponse;
import org.springframework.web.servlet.ModelAndView;
import org.springframework.web.servlet.mvc.Controller;
public class Helloworld implements Controller {
    @Override
    public ModelAndView handleRequest(HttpServletRequest arg0,
            HttpServletResponse arg1) throws Exception {
        return new ModelAndView("/welcome");
    }
}
```

注意：import 所导入的包会有多个选项，应该导入如下资源包：

```
import org.springframework.web.servlet.ModelAndView;
import org.springframework.web.servlet.mvc.Controller;
```

4．创建 Spring MVC.xml，配置 Controller 及其他属性

在 src 源文件夹下新建 config 包，在该包下编写 Spring MVC.xml 文件：

```
<?xml version="1.0" encoding="UTF-8"?>
<beans xmlns="http://www.springframework.org/schema/beans"
    xmlns:context="http://www.springframework.org/schema/context"
    xmlns:p="http://www.springframework.org/schema/p"
    xmlns:mvc="http://www.springframework.org/schema/mvc"
    xmlns:xsi="http://www.w3.org/2001/XMLSchema-instance"
    xsi:schemaLocation="http://www.springframework.org/schema/beans
     http://www.springframework.org/schema/beans/spring-beans-3.0.xsd
     http://www.springframework.org/schema/context
     http://www.springframework.org/schema/context/spring-context.xsd
     http://www.springframework.org/schema/mvc
     http://www.springframework.org/schema/mvc/spring-mvc-3.0.xsd">
    <bean name="/helloworld" class="com.hkd.controller.Helloworld" />
    <bean id="viewResolver"
    class="org.springframework.web.servlet.view.InternalResourceViewResolver">
        <property name="prefix" value="/"></property>
        <property name="suffix" value=".jsp"></property>
    </bean>
</beans>
```

程序说明：

Spring MVC.xml 文件是 Spring MVC 框架的核心配置文件，该配置文件和 Spring 的 Bean 工厂文件是非常相似的。在本节的该配置文件中主要配置两类信息：

首先，对控制器 Controller 进行配置，如下所示：

```
<bean name="/helloworld" class="com.hkd.controller.Helloworld" />
```

其中，name 表示控制器的 url，注意一定要以“/”开头。

其次，配置视图解析器，如下所示：

```
<bean id="viewResolver"
    class="org.springframework.web.servlet.view.InternalResourceViewResolver">
        <property name="prefix" value="/"></property>
        <property name="suffix" value=".jsp"></property>
</bean>
```

在视图解析器中，分别配置视图的前缀和后缀。

其中，InternalResourceViewResolver 类支持 JSP 视图解析，该类常用的属性有如下三个。

（1）viewClass：通常将其值配置为 JstlView，JstlView 表示 JSP 模板页面需要使用 Jstl 标签库，因此，classpath 中必须包含 Jstl 的相关 jar 包，此属性可以缺省，若缺省，则其值默认为 JstlView。

（2）prefix 和 suffix：查找视图页面的前缀和后缀，最终视图地址为前缀+逻辑视图名+后缀，其中逻辑视图名需要在 Controller 中返回 ModelAndView 指定，比如逻辑视图名为 welcome，则最终返回的 JSP 视图地址是/welcome.jsp。

5．编写 jsp 页面

在项目 chapter6_1 下的 WebContent 中编写 welcome.jsp。

启动 Tomcat，在浏览器地址栏中输入：http://localhost:8080/chapter6_1/helloworld。

若正常显示 welcome.jsp 页面内容，则表示 Spring MVC 环境搭建成功。

6.3　Spring MVC 多方法访问

在实际项目中，经常会有很多功能模块，而当这些功能模块向 Controller（控制器）发送请求时，又需要各自不同的处理方法。因为我们不可能为每个方法分别编写新的 Controller，所以这时最好的解决方法是将这些方法定义在一个 Controller 中，让这些功能模块公用一个 Controller，这样既简化了开发，也方便了管理。那么，在 Spring MVC 中应如何进行多方法的定义和访问呢？下面进行详细的介绍。

创建 Java Web 项目 chapter6_2，在 web.xml 文件中配置好前端控制器。Spring MVC 框架若要进行多方法访问，则对于 Controller 及 Spring MVC.xml 配置文件都有特殊的要求，下面分别进行说明。

1．创建可以进行多方法访问的 Controller

```
public class ManyMethod extends MultiActionController {
    public ModelAndView login(HttpServletRequest arg0, HttpServletResponse
            arg1) throws Exception {
        return new ModelAndView("/login");
    }
    public ModelAndView register(HttpServletRequest arg0, HttpServletResponse
            arg1) throws Exception {
        // TODO Auto-generated method stub
        return new ModelAndView("/register");
    }
}
```

程序说明：

（1）需要进行多方法访问的 Controller 必须继承 MultiActionController。

（2）在方法中需要传入两个参数（HttpServletRequest 和 HttpServletResponse），Controller 方法的返回值不一定都是 ModelAndView 类型，但是若要实现多方法，则必须要传入两个参数（HttpServletRequest 和 HttpServletResponse）。

2. 配置需要进行多方法访问的 Controller

在 src 源文件夹的 config 文件夹下，编写 Spring MVC.xml 文件，头文件缺省，仅列出主要配置内容，代码如下：

```
<?xml version="1.0" encoding="UTF-8"?>
<beans>
    <!-- 配置方法解析器 -->
    <bean id="paramMethodResolver"
    class="org.springframework.web.servlet.mvc.multiaction.ParameterMethod
            NameResolver">
        <property name="paramName" value="test"></property>
        <property name="defaultMethodName" value="register"></property>
    </bean>
    <!-- 配置 ManyMethod -->
    <bean name="/multi" class="com.hkd.controller.ManyMethod">
        <property name="methodNameResolver">
            <ref bean="paramMethodResolver" />
        </property>
    </bean>
    <bean id="viewResolver"
    class="org.springframework.web.servlet.view.InternalResourceViewResolver">
        <property name="prefix" value="/"></property>
        <property name="suffix" value=".jsp"></property>
    </bean>
 </beans>
```

程序说明：

（1）Spring MVC.xml 的头文件缺省，读者可以参考 Spring MVC 环境搭建时的 Spring MVC.xml 文件中的头文件内容。

（2）配置方法解析器，解析器名称为 paramMethodResolver，关联的类为 ParameterMethod NameResolver，并设置其两个属性（paramName 和 defaultMethodName）。其中，对 paramName 的值可以自定义，表示请求的参数名称；defaultMethodName 的值表示默认的访问方法。

（3）配置 Controller，并设置其方法解析器为前面定义的解析器 paramMethodResolver。

3. 编写视图文件 login.jsp 和 register.jsp，以备测试使用

login.jsp 页面核心代码如下所示：

```
<h2>登录页面</h2>
用户：<input type="text" name="uname" /><br/>
密码：<input type="text" name="pwd" /><br/>
```

```
<input type="submit" name="btn" value="提交" />
<input type="reset" name="btn" value="取消" />
```

register.jsp 页面核心代码如下所示：

```
<h2>注册页面</h2>
用户：<input type="text" name="uname" /><br/>
密码：<input type="text" name="pwd" /><br/>
性别：<input type="text" name="sex" /><br/>
年龄：<input type="text" name="age" /><br/>
<input type="submit" name="btn" value="提交" />
<input type="reset" name="btn" value="重置" />
```

启动 Tomcat，在浏览器地址栏中输入：http://localhost:8080/chapter6_2/multi?test=login，则显示 login.jsp 页面内容，登录页面如图 6-3 所示。

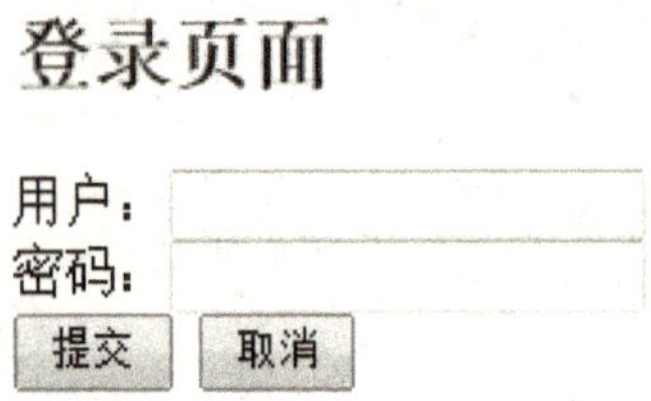

登录页面

用户：
密码：
提交　取消

图 6-3　登录页面

若输入 http://localhost:8080/chapter6_2/multi?test=register 或者 http://localhost:8080/chapter6_2/multi，则显示 register.jsp 页面内容，注册页面如图 6-4 所示。

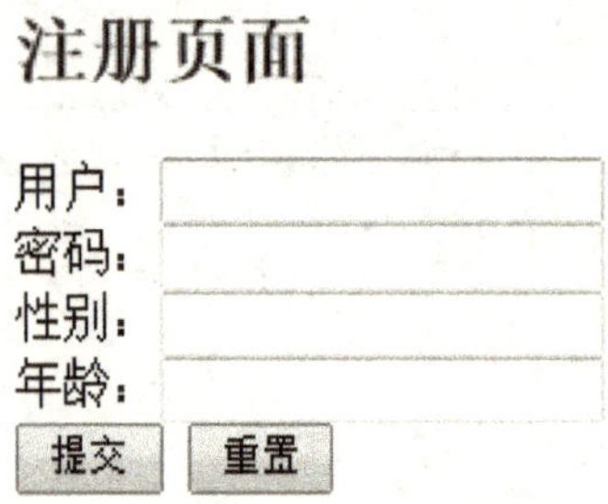

注册页面

用户：
密码：
性别：
年龄：
提交　重置

图 6-4　注册页面

注意在上面的 url 中，multi 表示控制器的 url，test 表示参数名，login 表示要访问的方法名。

6.4　Spring MVC 访问静态文件

由于 Spring MVC 的 web.xml 文件中关于 DispatcherServlet 拦截 url 的配置为“/”，拦截了所有的请求，同时*.js、*.jpg 等静态资源也被拦截了，导致运行时跳转后的页面无法加载图片、JS（Jave Script）库等静态资源。本节将介绍在 Spring MVC 中如何实现对静态资源的访问。

1．通过配置 config 文件夹下 Spring MVC.xml 文件的方式实现对静态资源的访问

在 Spring MVC.xml 中加入如下配置文件：

```
<mvc:resources location="/images/" mapping="/img/**"/>
<mvc:resources location="/js/" mapping="/js/**"/>
```

其中，location 是指 WebContent 下的所在路径，mapping 是指要处理的映射。

2．通过修改 web.xml 文件中<url-pattern>的方式实现对静态资源的访问

```
<servlet-mapping>
    <servlet-name>Spring MVC</servlet-name>
    <url-pattern>*.do</url-pattern>
</servlet-mapping>
```

这样配置就只会拦截.do 这样的 url，对于图片、CSS 等静态资源就可以访问了。若采用这种方式，则对 Controller 的 url 需要进行修改，在原来的 url 后面都要加上“.do”，这样才能顺利地对 Controller 进行访问。

3．在 web.xml 文件中对不需要拦截的进行配置

```
<servlet-mapping>
        <servlet-name>default</servlet-name>
        <url-pattern>*.png</url-pattern>
    </servlet-mapping>
    <servlet-mapping>
        <servlet-name>default</servlet-name>
        <url-pattern>*.js</url-pattern>
    </servlet-mapping>
    <servlet-mapping>
        <servlet-name>default</servlet-name>
        <url-pattern>*.css</url-pattern>
    </servlet-mapping>
```

<servlet-name>default</servlet-name>的作用是对客户端请求的静态资源如图片、JS 文件等的请求交由默认的 servlet 进行处理，这样也可以解决静态资源的访问问题。

注意：以上三种方法都可以解决 Spring MVC 中的静态资源访问问题，任选其中一种使用即可。

6.5　Spring MVC 实现数据传递

Spring MVC 中控制器 Controller 的作用主要是接收数据请求，进行处理后做出响应。关于 Controller 如何接收请求数据，将在下一章中进行详细的介绍，本节重点介绍 Spring MVC 如何将处理后的数据传递到其他视图。

在 Spring MVC 中实现将数据传递到视图页面的方式有如下两种。

1．借助 ModelAndView 对象实现数据传递

当方法的返回值为 ModelAndView 时，可以将数据存储在 ModelAndView 对象中进行传递。

1）传递单个数据

创建 Java Web 项目 chapter6_4，编写控制器 SingleData，实现单个数据传递，代码如下：

```
public class SingleData implements Controller {
    @Override
    public ModelAndView handleRequest(HttpServletRequest arg0,
            HttpServletResponse arg1) throws Exception {
        int data = 100;
        return new ModelAndView("/showSingle", "num", data);
    }
}
```

程序说明：

new ModelAndView("/showSingle", "num", data);中的第一个参数为 url，第二个参数为要传递的数据的 key，第三个参数为要传递的数据。需要注意的是，数据是默认存放在 request 中的。

编写 showSingle.jsp 页面实现数据的接收，主要代码如下：

```
<h>显示接收的单个数据</h>
${requestScope.num }
```

2）传递多个数据

编写控制器 ManyData，实现多个数据的传递，代码如下：

```
public class ManyData implements Controller {
    @Override
    public ModelAndView handleRequest(HttpServletRequest arg0,
            HttpServletResponse arg1) throws Exception {
        Map<String,Object> map = new HashMap<String,Object>();
        map.put("id", "1001");
        map.put("name", "tom");
        map.put("age", 23);
        return new ModelAndView("/showMany","data",map);
    }
}
```

程序说明：

多个数据的传递可以借助集合对象来实现，本例中使用 map 对象，使用 map 对象的 put 方法将这些数据以键值对的形式存储在 map 集合中。

编写 showMany.jsp 页面实现数据的接收，主要代码如下：

```
<h>显示接收的多个数据</h>
<c:forEach var="map" items="${requestScope.data }">
${map }
</c:forEach>
```

因为在页面中使用了 Jstl 标签，所以需要在页面中加入指令标识 taglib，代码如下：

```
<%@taglib prefix="c" uri="http://java.sun.com/jsp/jstl/core" %>
```

2. 借助 HttpSession 实现数据传递

编写控制器 SessionTest.java，代码如下：

```
public class SessionTest implements Controller {
    @Override
    public ModelAndView handleRequest(HttpServletRequest arg0,
            HttpServletResponse arg1) throws Exception {
        HttpSession session=arg0.getSession();
        session.setAttribute("uname", "tom");
        return new ModelAndView("/showSession");
    }
```

编写 showSession.jsp 页面实现数据的接收，主要代码如下：

```
<h>显示 session 方式传递数据</h>
${sessionScope.uname }
```

6.6　项 目 案 例

因为本章所介绍的内容属于 Spring MVC 的基础内容，对于 Controller 的编写采用的还是比较基础的配置文件方式，这并不是将来项目实战中普遍采用的方式，所以本章的项目案例仅利用相关框架技术，实现“浏览图书类别”功能。

6.6.1　案例描述

本章项目案例将结合 Hibernate 框架，利用 Spring MVC 开发技术实现“浏览图书类别”功能。在本章案例中，将利用 Hibernate 技术实现“浏览图书类别”的数据层代码，利用 Spring MVC 技术实现“浏览图书类别”的表示层代码。本章的 Spring MVC 和 Hibernate 仅是简单地堆砌在一起，并没有有机地结合起来，关于这两个框架的整合需要用到后续的 Spring 框架来实现。

6.6.2　案例实施

在在线书城项目 OnLine_BookStore 中搭建 Spring MVC 开发环境，首先导入 Spring MVC 开发所需要的资源包，然后在 web.xml 文件中配置前端控制器。这些操作可以参考 6.2 节的 Spring MVC 环境搭建。另外，对于 Hibernate 框架的开发环境，虽然早已经配置好在线书城项目 OnLine_BookStore，但前面对于 Hibernate 框架资源包的导入是采用导入 User Library 的方式导入的，用这种方式导入的包对于 Java Application 或者 JUnit Test 方式的运行是没有问题的，但如果以 Run on Server 方式运行，则会出现错误。因为本章的项目案例程序需要以 Run on Server 方式运行，所以需要将这些 Hibernate 资源包存放在 WEB-INF 的 lib 文件夹下。

1. 利用 Hibernate 框架实现数据持久层

对“浏览图书类别”数据持久层将使用 Dao 模式来进行组织。关于 Dao 模式的 BaseDao 类、实体类及其映射文件，读者可以参考第 3 章、第 4 章的项目案例，在此不再说明。本章仅详细介绍“浏览图书类别”功能的 Dao 接口和 Dao 接口实现类。

1）Dao 接口——CategoryDao

```
public interface CategoryDao {
```

```
    public ArrayList<Category> selCategory();
}
```

2）Dao 接口实现类——CategoryDaoImp

```
public class CategoryDaoImp extends BaseDao implements CategoryDao {
    @Override
    public ArrayList<Category> selCategory() {
        String hql = "from Category";
        ArrayList<Category> list = (ArrayList<Category>) this.find(hql);
        return list;
    }
}
```

2. 业务层的实现

1）Service 接口

```
public interface CategoryService {
    public ArrayList<Category> selCategory();
}
```

2）Service 接口实现类

```
public class CategoryServiceImp implements CategoryService {
    CategoryDao cd=new CategoryDaoImp();
    @Override
    public ArrayList<Category> selCategory() {
        ArrayList<Category> clist=cd.selCategory();
        return clist;
    }
}
```

3. 利用 Spring MVC 框架实现表示层

1）创建控制器 Controller 并进行配置

```
public class CategoryController implements Controller {
    CategoryService cs=new CategoryServiceImp();
    @Override
    public ModelAndView handleRequest(HttpServletRequest arg0,
            HttpServletResponse arg1) throws Exception {
        ArrayList<Category> clist=cs.selCategory();
        return new ModelAndView("/index","clist",clist);
    }
}
```

因为 web.xml 文件中前端控制器的初始化参数是如下配置的，

```
<init-param>
        <param-name>contextConfigLocation</param-name>
        <param-value>classpath*:config/Spring MVC.xml</param-value>
</init-param>
```

所以需要将 Spring MVC 的核心配置文件 Spring MVC.xml 创建在 src 源文件夹的 config 文件夹下，代码如下：

```
<?xml version="1.0" encoding="UTF-8"?>
<beans xmlns="http://www.springframework.org/schema/beans"
 xmlns:context="http://www.springframework.org/schema/context"
 xmlns:p="http://www.springframework.org/schema/p"
 xmlns:mvc="http://www.springframework.org/schema/mvc"
 xmlns:xsi="http://www.w3.org/2001/XMLSchema-instance"
 xsi:schemaLocation="http://www.springframework.org/schema/beans
     http://www.springframework.org/schema/beans/spring-beans-3.0.xsd
     http://www.springframework.org/schema/context
     http://www.springframework.org/schema/context/spring-context.xsd
     http://www.springframework.org/schema/mvc
     http://www.springframework.org/schema/mvc/spring-mvc-3.0.xsd">
    <bean name="/category_index" class="com.hkd.controller.CategoryController"/>
    <bean id="viewResolver"
       class="org.springframework.web.servlet.view.InternalResourceViewResolver">
       <property name="prefix" value="/"></property>
       <property name="suffix" value=".jsp"></property>
    </bean>
 </beans>
```

2）静态资源的访问

首先将图片资源放在 WebContent 文件夹的 images 文件夹下。

因为 web.xml 文件中前端控制器的<url-pattern>是如下配置的，

```
<servlet-mapping>
  <servlet-name>online_book</servlet-name>
  <url-pattern>/</url-pattern>
</servlet-mapping>
```

所以所有的请求都被拦截了，包括图片等静态资源，为了能顺利地访问图片资源，需要在 Spring MVC.xml 文件中加入如下配置。

```
<mvc:resources location="/images/" mapping="/images/**" />
```

3）编写页面 index.jsp，页面核心代码如下

```
<table>
<tr><td>图书目录</td></tr>
<c:forEach var="category" items="${requestScope.clist }">
<tr>
<td>
<a href="doIndex.jsp?category=${category.catid }">${category.name }</a>
</td>
</tr>
</c:forEach>
</table>
```

启动 Tomcat，在浏览器地址栏中输入 http://localhost:8080/OnLine_BookStore/ category_index，index.jsp 页面显示正常。

6.6.3 知识点总结

在项目案例中，运用了如下知识：搭建 Spring MVC 开发环境、访问静态文件、实现数据传递。本章所介绍内容基本上都得到了运用。另外，在本章项目案例中还结合 Hibernate，使用三层架构完成了功能的实现。

6.6.4 拓展与提高

本章所介绍的 Spring MVC 侧重于理论和基础知识的介绍，在后续章节中还将介绍以注解方式实现控制器 Controller，参数传递、上传下载等高级开发技术。

习　题　6

1．什么是 Spring MVC?
2．Spring MVC 的工作流程是什么？
3．Spring MVC 与 Struts2 的主要区别是什么？
4．Spring MVC 如何进行多方法访问?
5．Spring MVC 框架如何实现静态资源的访问?

第 7 章　Spring MVC 框架开发进阶

7.1　Spring MVC 注解方式详解

在第 6 章中，定义一个控制器 Controller 需要由开发者自定义一个 Controller 类实现 Controller 接口，实现 handleRequest 方法，并返回 ModelAndView 类型的数据。并且，需要在 Spring 配置文件中配置 Handler，将某个接口与自定义 Controller 类做映射。这种定义的 Controller 类只能处理单一请求，如果需要进行多方法访问，则需要采用其他方法。通过继承 MultiActionController，并在 Spring 配置文件中进行相关配置方可实现多方法访问。

这种实现 Controller 的方式是非常复杂的，本章介绍一种简单高效的定义 Controller 的方法：注解方式。使用注解方式具有如下优点。

（1）开发者不需要继承特定的类或实现特定的接口，只需使用@Controller 标记一个类是 Controller，然后使用@RequestMapping 等一些注解用以定义 URL 请求和 Controller 方法之间的映射，这样，Controller 就能被外界访问。

（2）在基于注解的控制器类中，可以编写多个处理方法，进而可以处理多个请求（动作）。这就允许将相关的操作编写在同一个控制器类中，从而减少控制器类的数量，方便以后的维护。

在 Spring MVC 中，最重要的两个注解类型是@Controller 和@RequestMapping 注解标签，下面重点介绍这两种注解标签。

1．@Controller 注解标签

@Controller 注解标签用于在一个类上进行标记，使用它标记的类就是一个 Spring MVC 的 Controller 对象。分发处理器将扫描使用了该注解的类的方法，并检测该方法是否使用了@RequestMapping 注解标签进行注解。@Controller 注解标签只是定义了一个控制器类，而使用@RequestMapping 注解标签的方法才是真正处理请求的处理器。因此，@Controller 注解标签通常和@RequestMapping 注解标签配合使用。

但仅使用@Controller 和@RequestMapping 注解标签标记在一个类上，还不能从真正意义上说它就是 Spring MVC 的一个控制器类，因为还需要在 Spring 配置文件中进行开启注解等相关配置后，Spring 才能扫描并识别它。如何在 Spring 配置文件中进行注解方式的相关配置呢？通常需要按如下三步进行。

（1）在 Spring 配置文件的头文件中引入 spring-context，代码如下：

```
<beans xmlns="http://www.springframework.org/schema/beans"
 xmlns:context="http://www.springframework.org/schema/context"
 xmlns:p="http://www.springframework.org/schema/p"
 xmlns:mvc="http://www.springframework.org/schema/mvc"
 xmlns:xsi="http://www.w3.org/2001/XMLSchema-instance"
```

```
    xsi:schemaLocation="http://www.springframework.org/schema/beans
        http://www.springframework.org/schema/beans/spring-beans-3.0.xsd
        http://www.springframework.org/schema/context
        http://www.springframework.org/schema/context/spring-context.xsd
        http://www.springframework.org/schema/mvc
        http://www.springframework.org/schema/mvc/spring-mvc-3.0.xsd">
```

（2）在 Spring 配置文件中开启注解，代码如下：

```
<mvc:annotation-driven/>
```

开启注解还可以使用以下方式进行配置：

```
<bean class="org.springframework.web.servlet.mvc.annotation.Annotation-
        MethodHandlerAdapter" />
<bean class="org.springframework.web.servlet.mvc.annotation.Default-
        AnnotationHandlerMapping"/>
```

这两种开启注解方式可任选其一。很明显，前者要比后者简单很多，因此，一般选择<mvc:annotation-driven/>作为开启注解的方式。

（3）配置注解扫描包，代码如下：

```
<context:component-scan base-package="com.hkd.controller" />
```

base-package 的值是包的路径。表示启动了“包扫描”功能，将 com.hkd.controller 这个包下及子包下的所有类扫描一遍，将标记有@Controller、@Service、@repository、@Component 等注解标签的类注入 IOC（Inversion of Control，控制反转，也缩写为 IoC）容器中，作为 Spring 的 Bean 来管理。这样，Spring 就能找到 Controller 类，并通过@RequestMapping 注解标签处理对应的请求。

2. @RequestMapping 注解标签

@RequestMapping 是一个用来处理请求地址映射的注解标签，通常用于方法上，表示访问该方法的 URL 地址，也可用于类上，表示类中的所有响应请求的方法都以该地址作为父路径。

@RequestMapping 注解标签有 6 个属性，如表 7-1 所示。

表 7-1 @RequestMapping 注解标签的属性

属性名	作用
value	指定请求的实际地址
method	指定请求的 Method 类型，如 GET、POST、PUT、DELETE 等
consumes	指定处理请求的提交内容类型（Content-Type），如 application/json、text/html
produces	指定返回的内容类型，仅当 request 请求头的（Accept）类型中包含该指定类型时才返回
params	指定 request 中必须包含某些参数值，才能让该方法处理请求
headers	指定 request 中必须包含某些指定的 header 值，才能让该方法处理请求

在这些属性中，常用的属性有 value 和 method。

对于 value 属性举例如下：

```
@RequestMapping(value="/add")
```

value 属性是@RequestMapping 注解标签的默认属性，如果只有唯一的属性，则可以省略该属性名。另外 value 属性的值也可以是一个空字符串。

对于 method 属性举例如下：

```
@RequestMapping(value="/add",method=RequestMethod.POST)
```

表示该方法只支持 POST 请求，也可以同时支持多个 HTTP 请求方式，例如：

```
@RequestMapping(value="/add",method={RequestMethod.POST,RequestMethod.GET})
```

如果没有指定 method 属性值，则请求处理方法可以处理任意的 HTTP 请求方式，因此，通常 method 属性是缺省的。

【例 7-1】 以注解方式创建 Controller，实现第 6 章 6.3 节中对多方法的访问。

创建 Java Web 项目 chapter7_1，并导入 Spring MVC 的资源包，以及配置好前端控制器等基本环境。在源文件夹 src 下创建 com.hkd.controller 包，在该包下重新编写 ManyMethod 类：

```
@Controller
@RequestMapping("/do")
public class ManyMethod{
    @RequestMapping(value="/login")
    public ModelAndView login(HttpServletRequest arg0, HttpServletResponse arg1)
            throws Exception {
        return new ModelAndView("/login");
    }
    @RequestMapping(value="/register")
    public ModelAndView register(HttpServletRequest arg0, HttpServletResponse arg1)
            throws Exception {
        return new ModelAndView("/register");
    }
}
```

程序说明：

（1）以注解方式实现的控制器类是不需要继承父类和实现接口的。仅需要在类上以@Controller 注解标签进行标记，在函数上以@RequestMapping 注解标签进行标记。

（2）在类上也可以使用@RequestMapping 注解标签，如本例中在类上标记@RequestMapping ("/do")，这时对 login 方法的访问地址实际为http://localhost:8080/chapter6_1/do/login；对 registe 方法的访问地址实际为http://localhost:8080/chapter6_1/do/register。

（3）本例中的方法上的 RequestMapping 注解标签缺省 method 属性，则 Controller 中的方法既可以接收 GET 请求，也可以接收 POST 请求。

编写好 Controller 后，还需要配置 SpringMVC 的配置文件，在源文件夹 src 下创建 config 包，在该包下创建 Spring MVC.xml 文件，在该文件中配置“开启注解”和“注解扫描包”，代码如下：

```
<?xml version="1.0" encoding="UTF-8"?>
<beans xmlns="http://www.springframework.org/schema/beans"
 xmlns:context="http://www.springframework.org/schema/context"
 xmlns:p="http://www.springframework.org/schema/p"
 xmlns:mvc="http://www.springframework.org/schema/mvc"
```

```
    xmlns:xsi="http://www.w3.org/2001/XMLSchema-instance"
    xsi:schemaLocation="http://www.springframework.org/schema/beans
        http://www.springframework.org/schema/beans/spring-beans-3.0.xsd
        http://www.springframework.org/schema/context
        http://www.springframework.org/schema/context/spring-context.xsd
        http://www.springframework.org/schema/mvc
        http://www.springframework.org/schema/mvc/spring-mvc-3.0.xsd">
    <!-- 开启注解 -->
    <mvc:annotation-driven/>
    <!-- 配置注解扫描包 -->
    <context:component-scan base-package="com.hkd.controller"/>
    <bean id="viewResolver"
        class="org.springframework.web.servlet.view.InternalResourceViewResolver">
        <property name="prefix" value="/"></property>
        <property name="suffix" value=".jsp"></property>
    </bean>
</beans>
```

启动 Tomcat，在浏览器地址栏中分别输入 http://localhost:8080/chapter7_1/do/login 和 http://localhost:8080/chapter7_1/do/register 进行测试。

7.2 使用 Controller 方法返回值

在前面章节中，我们通常把 Controller 方法的返回值定义为 ModelAndView 类型，使用 ModelAndView 对象的 setViewName()方法跳转到指定的页面，使用 addObject()方法设置需要返回的值，或者直接使用 ModelAndView 的构造方法指定返回的页面名称，以及需要返回的值。实际上，Controller 方法的返回值除 ModelAndView 类型外，还允许是其他类型，例如 void 类型和 String 类型。下面对这两种类型进行介绍。

1. void 类型

void 类型的 Controller 方法是如何对客户端请求进行响应的呢？

可以在 Controller 方法的形参上定义 HttpServletRequest 和 HttpServletResponse 对象，使用 HttpServletRequest 或 HttpServletResponse 对象指定响应结果。

例如，可以使用 HttpServletRequest 对象进行请求转发。

```
request.getRequestDispatcher("url").forward(request, response);
```

也可以通过 HttpServletResponse 对象实现页面重定向，例如：

```
response.sendRedirect("url")
```

还可以通过 HttpServletResponse 对象指定响应结果，例如响应 JSON 数据：

```
response.setCharacterEncoding("utf-8");
response.setContentType("application/json;charset=utf-8");
response.getWriter().write("json 串");
```

另外，如果在 void 类型的 Controller 方法中，既没有通过 HttpServletRequest 对象进行请求转发，也没有通过 HttpServletResponse 对象实现页面重定向，则响应的视图页面为@RequestMapping 注解标签中设置的访问地址。

2. String 类型

Controller 方法可以通过返回字符串来指定逻辑视图名，通过 Spring 配置文件中配置的视图解析器将字符串解析为物理视图地址。例如：

```
return "/login";
```

在返回的字符串中可以使用 redirect 作为前缀，例如：

```
return "redirect:login.jsp";
```

redirect 前缀方式相当于“response.sendRedirect()”，重定向后，浏览器的地址栏变为转发后的地址，重定向方式的 request 是重新发起的请求，因此，数据不能传递到下一个 url，如果要传参数，则在 url 后边加参数，如下所示：

```
return "redirect:login.jsp?uname=tom";
```

在返回的字符串中也可以使用 forward 作为前缀，例如：

```
return "forward:login.jsp";
```

forward 方式相当于“request.getRequestDispatcher("url").forward(request,response)”，转发后，浏览器地址栏还是原来的地址，转发并没有执行新的 request 和 response，而是和转发前的请求公用一个 request 和 response。转发前请求的参数在转发后仍可被读取。

【例 7-2】 编写测试类 FunReturnType，测试 Controller 方法的返回值。

```
@Controller
public class FunReturnType {
    @RequestMapping("/test")
    public void testReturnType() {
        //此处缺省 request 或 response 方式响应页面
    }
    @RequestMapping("/testVoid2")
    public void testReturnType2(HttpServletRequest request, HttpServlet-
            Response response)throws ServletException, IOException {
    request.getRequestDispatcher("login.jsp").forward(request, response);
    }
    @RequestMapping("/testVoid3")
    public void testReturnType3(HttpServletRequest request,HttpServlet-
            Response response)throws ServletException, IOException {
        response.sendRedirect("login.jsp");
    }
    @RequestMapping("/testString1")
    public String testReturnType4(HttpServletRequest request, HttpServlet-
            Response response)throws ServletException, IOException {
        return "/login";
```

```
    }
    @RequestMapping("/testString2")
    public String testReturnType5(HttpServletRequest request, HttpServlet-
            Response response)throws ServletException, IOException {
        return "redirect:login.jsp?uname=tom";
    }
    @RequestMapping("/testString3")
    public String testReturnType6(HttpServletRequest request, HttpServlet-
            Response response)throws ServletException, IOException {
        return "forward:login.jsp";
    }
}
```

7.3　Spring MVC 接收请求参数

在 7.2 节介绍了 Controller 方法的返回值，本节将介绍 Controller 方法是如何接收客户端的请求参数的。一般情况下，只要保证客户端的请求参数名、参数个数和 Spring MVC 中 Controller 方法的参数名、参数个数相同，就可以实现通过 Controller 方法的参数来接收客户端请求参数值的目的。但在实际操作过程中，有很多具体的细节情况，下面对各种类型的参数传递分别进行介绍。

7.3.1　使用简单类型参数绑定请求参数

简单类型包括整型（Integer、int）、字符串（String）、单精度（Float、float）、双精度（Double、double）、布尔型（Boolean、boolean）等。若请求的参数类型为简单类型，则 Controller 方法中的参数可以定义为对应的简单类型，注意要保证 Controller 方法中参数名和请求参数名相同。另外，对参数类型推荐使用包装数据类型，因为基础数据类型不可以为 null。

【例 7-3】 编写 Controller 方法实现对前台 login_simple.jsp 页面传递过来的用户名、密码和年龄进行接收，并输出测试结果。

编写 login_simple.jsp 页面，页面核心代码如下：

```
<body>
<form action="doLogin_simple" method="post">
用户名：<input type="text" name="uname" /><br/>
密码：<input type="text" name="pwd" /><br/>
年龄：<input type="text" name="age" /><br/>
<input type="submit" name="btn" value="提交" />
<input type="reset" name="btn" value="重置" />
</form>
</body>
```

在项目 chapter7_1 的 src 源文件夹的 com.hkd.controller 包下，创建 Controller 类——DoRequest，在 7.3 节中所需要测试的 Controller 方法都将定义在这个类中。

在 DoRequest 类中，定义 Controller 方法——doLogin_simple，代码如下：

```
@RequestMapping("/doLogin_simple")
```

```
    public String doLogin_simple(String uname,String pwd,Integer age)
    {
        System.out.println(uname);
        System.out.println(pwd);
        System.out.println(age);
        return "/welcome";
    }
```

经测试，从前台页面 login_simple.jsp 传递过来的数据被 Controller 方法 doLogin_simple 顺利接收。

程序说明：

（1）在 Controller 中，通过处理方法的形参接收请求参数，也就是直接把表单参数写在控制器类相应方法的形参中，即形参名称与请求参数名完全相同。该接收参数方式适用于 get 和 post 提交请求方式。

（2）处理方法的形参类型建议使用包装数据类型，并且前台输入的数值型字符串可以自动转换成整型数据。

7.3.2　使用@RequestParam 注解标签绑定请求参数

如果请求参数名和 Controller 类中处理方法形参名不同，则可以在处理方法形参前使用@RequestParam 注解标签进行标记，从而实现参数的传递。

例如，对例 7-3 中的处理方法还可以如下编写：

```
@RequestMapping("/doLogin2")
    public String doLogin2(@RequestParam(value="uname",required=true)String
            username,String pwd,Integer age)
    {
        System.out.println(username);
        System.out.println(pwd);
        System.out.println(age);
        return "/welcome";
    }
```

程序说明：

（1）value 表示请求参数名，如 value="uname"表示请求参数名为 uname 的参数的值将被传入。

（2）required 表示是否必需，默认为 true，表示请求中一定要有相应的参数，否则将报错。

（3）defaultValue 是默认值，表示在请求中没有同名参数时的默认值。

7.3.3　使用 pojo 类型参数绑定请求参数

如果请求的参数比较多，则可以把请求参数封装成 pojo 类，以 pojo 类作为 Controller 处理方法的形参，请求参数名必须和 pojo 类中的属性名相同，另外请求参数必须是 pojo 类中的某一个或某几个属性，也就是说请求参数的个数不一定要和 pojo 类中属性的个数相同，其个数可以小于或等于 pojo 类中属性的个数。

【例 7-4】 编写处理方法，实现以 pojo 类型参数的方式来接收前台数据。

（1）编写前台页面 register_pojo.jsp，主要代码如下：

```
<body>
<form action="doRegister_pojo" method="post">
用户名：<input type="text" name="uname" /><br/>
密码：<input type="text" name="pwd" /><br/>
<input type="submit" name="btn" value="提交" />
<input type="reset" name="btn" value="重置" />
</form>
</body>
```

（2）编写 pojo 类，类名为 User。

```
public class User {
    private String uname;
    private String pwd;
    private Integer age;
    private Date date;
//setter/getter 方法缺省
}
```

（3）在 DoRequest 类中编写处理方法，代码如下：

```
@RequestMapping("/doRegister_pojo")
    public String doRegister_pojo(User user)
    {
        System.out.println(user.getUname());
        System.out.println(user.getPwd());
        System.out.println(user.getDate());
        return "/welcome";
    }
```

启动 Tomcat，运行 register_pojo.jsp 页面，输入测试数据。register_pojo.jsp 页面如图 7-1 所示。

图 7-1 register_pojo.jsp 页面

单击“提交”按钮，在控制台下显示如下结果，并且页面转向 welcome.jsp。

```
jack
m123
null
```

程序及结果说明：

（1）请求的参数必须是 pojo 类中的同名的属性，本例中请求的参数为 uname 和 pwd，在 User 类中存在两个属性（uname 和 pwd）。

（2）本例的 pojo 类中虽然有整型的 age 属性和日期型的 date 属性，但提交的表单中并没有这样的请求参数，这时如果输出这两个数据，则输出结果为 null。

（3）如果提交的表单中有日期型数据，则必须注意表单中日期型数据的输入应符合日期型数据的书写规范，否则会报错。另外，即便日期输入正确，以处理方法接收到的日期型数据也只能精确到天。提高日期型数据的精确度或按照开发者的需要来设定日期的格式，需要借助 Spring MVC 中的类型转换器来实现。

7.3.4　使用类型转换器处理请求参数

由于日期型数据有很多种格式，所以 Spring MVC 无法把字符串转换成符合开发者要求格式的日期型数据。这时，可以通过自定义类型转换器的方法把字符串转换成某种格式的日期型数据。

转换器的实现需要两个步骤：一是定义转换器类，二是在 Spring 配置文件中进行注册、引用。下面详细介绍这两个步骤。

1. 定义转换器类

在 src 源文件夹下新建 com.hkd.convert 包，在该包下创建转换器类为 DateConvert，该类需要实现 Converter 接口。代码如下：

```
import java.text.ParseException;
import java.text.SimpleDateFormat;
import java.util.Date;
import org.springframework.core.convert.converter.Converter;
public class DateConvert implements Converter<String,Date>{
    @Override
    public Date convert(String arg0) {
        System.out.println("执行");
        try {
        SimpleDateFormat sdf = new SimpleDateFormat("yyyy-MM-dd");
            Date date = sdf.parse(arg0);
            return date;
        } catch (ParseException e) {
            e.printStackTrace();
        }
        return null;
    }
}
```

程序说明：

转换器类需要实现的 Converter 接口应该是 org.springframework.core.convert.converter.Converter，而不能是 org.springframework.cglib.core.Converter;。

2. 在 Spring 配置文件中进行注册、引用

```
<!-- 引用转换器 -->
    <mvc:annotation-driven conversion-service="conversionService" />
    <!-- 注册转换器 -->
```

```
    <bean id="conversionService"
        class="org.springframework.format.support.FormattingConversion
                ServiceFactoryBean">
        <property name="converters">
            <set>
                <bean class="com.hkd.convert.DateConvert" />
            </set>
        </property>
    </bean>
```

程序说明：

（1）在 Spring MVC.xml 中生成转换器组件，该组件对应的类为 org.springframework.format.support.FormattingConversionServiceFactoryBean，将自定义的转换器类 com.hkd.convert.DateConvert 注入 FormattingConversionServiceFactoryBean 类的 converters 属性中，从而完成转换器的注册，可以自定义转换器组件的名称，在本例中定义为 conversionService。

（2）<mvc:annotation-driven/>的作用是开启注解，在此标签上进行扩展，加入 conversion-service 属性，指定所注册的转换器的 id，从而完成转换器的引用。

在 Controller 类 DoRequest 中编写处理方法 doRegister_date(User user)，其中 User 类的代码可以参看 7.3.3 节中的例 7-4，这个处理方法的作用是接收 Date 类型的数据，然后进行输出测试。该方法的代码如下：

```
@RequestMapping("/doRegister_date")
    public String doRegister_date(User user)
    {
        System.out.println(user.getUname());
        System.out.println(user.getPwd());
        SimpleDateFormat sdf = new SimpleDateFormat("yyyy-MM-dd");
        String time=sdf.format(user.getDate());
        System.out.println(time);
        return "/welcome";
    }
```

编写 register_date.jsp 页面，该页面的作用是向控制器发送测试数据，页面的核心代码如下所示：

```
<form action="doRegister_date" method="post">
用户：<input type="text" name="uname" /><br/>
密码：<input type="text" name="pwd" /><br/>
日期：<input type="text" name="date" /><br/>
<input type="submit" name="btn" value="提交" />
<input type="reset" name="btn" value="重置" />
</form>
```

启动 Tomcat，运行 register_date.jsp 页面，输入测试数据。register_date.jsp 页面如图 7-2 所示。

单击“提交”按钮，在控制台下显示如下结果，并且页面转向 welcome.jsp。

```
执行
```

```
tom
123456
1990-12-01
```

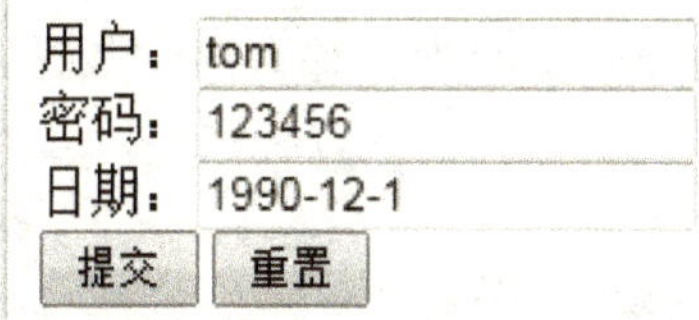

用户：tom
密码：123456
日期：1990-12-1
提交　重置

图 7-2　register_date.jsp 页面

从运行结果中可以看出，当前台数据向后台的控制器发送请求数据时，是首先执行转换器的，当转换器执行完成后，才开始执行控制器的处理方法，最后才是视图的渲染。

7.3.5　使用数组类型参数绑定请求参数

如果在提交的多个表单中，请求参数的参数名相同，则可以以数组类型参数作为处理方法的形参来接收请求参数值。

【例 7-5】 编写处理方法，实现以数组类型参数的方式来接收前台数据。

（1）编写前台页面 register_array.jsp，主要代码如下：

```
<body>
<form action="doRegister_array" method="post">
用户名：<input type="text" name="uname" /><br/>
密码：<input type="text" name="pwd" /><br/>
爱好:<input type="checkbox" name="cb" value="zuqiu">足球
<input type="checkbox" name="cb" value="book">读书
<input type="checkbox" name="cb" value="lanqiu">篮球<br/>
性别:<input type="radio" name="sex" value="boy"/>男
<input type="radio" name="sex" value="girl"/>女<br/>
<input type="submit" name="btn" value="提交" />
<input type="reset" name="btn" value="重置" />
</form>
</body>
```

程序说明：

在提交的表单中，有多个复选框表单，并且名字都是“cb”。

（2）在 DoRequest 类中编写处理方法，代码如下：

```
@RequestMapping("/doRegister_array")
    public String doRegister_array(String uname,String pwd,String[] cb)
    {
        System.out.println(uname);
        System.out.println(pwd);
        for(String str:cb)
            System.out.println(str);
        return "/welcome";
    }
```

程序说明：

在处理方法 doRegister_array 的形参中定义 String[] cb，通过数组型的形参 cb 可以接收由前台传送过来的 name 属性相同的一组表单。

启动 Tomcat，运行 register_array.jsp 页面，输入测试数据。register_array.jsp 页面如图 7-3 所示。

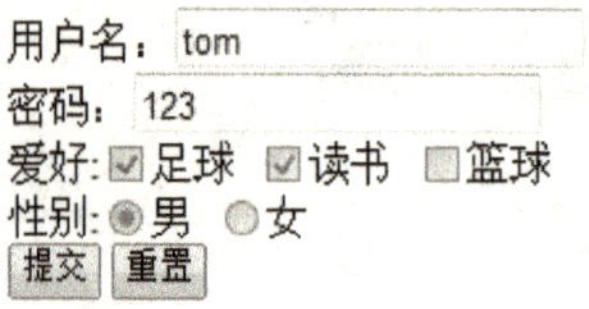

用户名：tom
密码：123
爱好:☑足球 ☑读书 ☐篮球
性别:◉男 ○女
提交 重置

图 7-3 register_array.jsp 页面

单击“提交”按钮，在控制台下显示如下结果，并且页面转向 welcome.jsp。

```
tom
123
zuqiu
book
```

7.3.6 使用 List 类型绑定请求参数

也可以通过 List 类型方式来接收请求的一组同名参数值，如果以 List 类型方式来接收请求参数，则需要将 List 类型参数作为 pojo 类型的属性，把处理方法的形参定义为 pojo 类型，而不能将 List 类型参数直接定义为处理方法的形参。

【例 7-6】 编写处理方法，实现以 List 类型方式来接收前台数据。

（1）编写前台页面 register_list.jsp，主要代码参考上例中的 register_array.jsp。

（2）修改 pojo 类 User，添加 List 类型属性，代码如下：

```
public class User {
    private String uname;
    private String pwd;
    private Integer age;
    private Date date;
    private List<String> cb;
//setter/getter 方法缺省
}
```

（3）在 DoRequest 类中编写处理方法，代码如下：

```
@RequestMapping("/doRegister_list")
    public String doRegister_list(String uname,String pwd,User user)
    {
        System.out.println(uname);
        System.out.println(pwd);
        for(String str:user.getCb())
            System.out.println(str);
        return "/welcome";
    }
```

启动 Tomcat，运行 register_list.jsp 页面进行测试。测试表明数据接收正常，运行结果正确，测试结果可以参看例 7-5。

程序说明：

注意在例 7-5 中直接将数组类型的参数作为处理方法的形参，如下所示：

```
public String doRegister_array(String uname,String pwd,String[] cb)
```

而在例 7-6 中，List 类型的参数则必须作为 pojo 类的数据成员，若直接将 List 类型的参数作为处理方法的形参，则数据将不能被正常接收。

7.3.7 使用 HttpServletRequest 类型参数接收请求参数

使用 HttpServletRequest 类型参数接收请求参数是最原始的一种方式，开发者可以借助 request 对象提供的 getParameter()方法来接收由前台传递过来的单个数据，通过 getParameterValues()方法来接收由前台传递过来的多个数据。

以例 7-6 中的页面 register_list.jsp 作为请求页面，可以使用 HttpServletRequest 作为处理方法的形参来接收请求数据，代码如下：

```
@RequestMapping("/doLogin_request")
    public String doLogin_request(HttpServletRequest request)
    {
        String uname=request.getParameter("uname");
        String pwd=request.getParameter("pwd");
        String[] cb=request.getParameterValues("cb");
        System.out.println(uname);
        System.out.println(pwd);
        for(String str:cb)
            System.out.println(str);
        return "/welcome";
    }
```

7.3.8 乱码问题的解决

在本节所介绍的接收请求参数实现中，有一个共性的问题：乱码问题。如果前台传递过来的是中文数据，接收后会出现乱码现象。页面向后台发送请求的方式有两种：get 方式和 post 方式。因为本节所用到的请求页面中的请求方式都是 post 方式，所以下面先介绍解决以 post 方式请求时的乱码问题的方案，再介绍解决以 get 方式请求时的乱码问题的方案。

1. 解决以 post 方式请求时的乱码问题的方案

在 web.xml 文件中，添加解决以 post 方式请求时的乱码问题的过滤器，代码如下：

```
<!-- 配置解决以 post 方式请求时的乱码问题的过滤器-->
    <filter>
        <filter-name>CharacterEncoding</filter-name>
        <filter-class>org.springframework.web.filter.Character-
                EncodingFilter</filter-class>
        <init-param>
```

```
            <param-name>encoding</param-name>
            <param-value>UTF-8</param-value>
        </init-param>
    </filter>
    <filter-mapping>
        <filter-name>CharacterEncoding</filter-name>
        <url-pattern>/*</url-pattern>
    </filter-mapping>
```

2. 解决以 get 方式请求时的乱码问题的方案

解决以 get 方式请求时的乱码问题的方案可以采用如下两种方案。

（1）修改 tomcat 配置文件 server.xml，添加如下配置：

```
    <connector    URIEncoding="utf-8"    connectionTimeout="20000"    port="8080"
protocol="HTTP/1.1" redirectPort="8443"/>
```

（2）对接收的数据进行重新编码：

```
    String name= new String(uname.getBytes("ISO-8859-1"),"utf-8");
```

其中，ISO-8859-1 是 tomcat 的默认编码，需要将 tomcat 编码后的内容按 utf-8 进行重新编码。

7.4 Spring MVC 中 JSON 数据的接收及响应

JSON（JavaScript Object Notation，JavaScript 对象表示法）是一种轻量级的数据交换格式。它是基于 JavaScript（Standard ECMA-262 3rd Edition-December 1999）的一个子集。JSON 采用完全独立于语言的文本格式，但是也使用了类似于 C 语言家族（包括 C、C++、C#、Java、JavaScript、Perl、Python 等）的习惯。这些特性使 JSON 成为理想的数据交换语言。JSON 易于被人阅读和编写，同时也易于被机器解析和生成。

JSON 的语法要遵循四个基本原则：并列的数据之间用逗号（“,”）分隔，映射用冒号（“:”）表示，并列数据的集合（数组）用方括号（“[]”）表示，映射的集合（对象）用大括号（“{}”）表示。

下面的数据就是一个 JSON 数据。

```
    {"uname":"tom","age":24}
```

Spring MVC 中的 Controller 处理方法是如何接收 JSON 数据的呢？如何将 JSON 数据传递到页面呢？Spring MVC 中 Controller 处理方法和 JSON 数据的交互可以非注解方式和注解方式这两种方式实现，下面通过例题介绍这两种方式。

1. 非注解方式

【例 7-7】 利用 Ajax 技术向 Controller 处理方法发送 JSON 数据，在处理方法接收到数据后，将 JSON 数据返回给 Ajax。

1）编写请求页面 jsonTest_NoAnnocation.jsp

该页面代码如下所示：

```
<%@ page language="java" contentType="text/html; charset=UTF-8"
    pageEncoding="UTF-8"%>
<%@taglib prefix="c" uri="http://java.sun.com/jsp/jstl/core" %>
<!DOCTYPE html PUBLIC "-//W3C//DTD HTML 4.01 Transitional//EN"
    "http://www.w3.org/TR/html4/loose.dtd">
<html>
<head>
<script type="text/javascript" src="js/jquery-1.7.1.min.js"></script>
<meta http-equiv="Content-Type" content="text/html; charset=UTF-8">
<title>Insert title here</title>
<script type="text/javascript">
    $(document).ready(function(){
        $("#add").click(function(){
            var userName = $("#userName").attr("value");
            var age =$("#age").attr("value");
            var user = {userName:userName,age:age};
            $.ajax({
                url:"addUserInfoJson1",
                type:"post",
                data:user,
                success:function(a){
                alert("userName:" + a.userName + " age:" + a.age );
                },
                error:function()
                {
                    alert("error");
                }
            });
        });
    });
</script>
</head>
<body>
    <h2>json 非注解方式数据传递</h2>
    姓名：<input type="text" id="userName" name="userName"><br/>
    年龄：<input type="text" id="age" name="age"><br/>
    <input type="button" id="add" value="提交">
</body>
</html>
```

程序说明：

（1）因为在 jsonTest_NoAnnocation.jsp 页面中使用了 JQuery 的 Ajax 技术，所以需要导入 JQuery 的资源包：

```
<script type="text/javascript" src="js/jquery-1.7.1.min.js"></script>
```

因为 JQuery 的资源包属于静态资源，所以必须在 Spring 配置文件中进行配置才可以访问。可以在 Spring 配置文件中加入如下语句，以解决静态资源的访问问题。

```
<mvc:resources location="/js/" mapping="/js/**"/>
```

（2）在 jsonTest_NoAnnocation.jsp 页面的 Ajax 函数中，url 参数表示发送请求的地址，本例中将请求发给 addUserInfoJson1，type 参数表示请求的方式；本例中请求的方式为 post 方式；data 参数表示发送到服务器的数据，本例中发送给服务器的是 JSON 数据。回调函数 success 在请求成功之后调用，传入返回后的数据，以及包含成功代码的字符串。回调函数 error 在请求出错时调用，传入 XMLHttpRequest 对象，描述错误类型的字符串及一个异常对象。

（3）要保证 JSON 数据中的 key 值和 Controller 处理方法中 pojo 类型参数的属性成员名称相同，否则 pojo 类型参数将接收不到传过来的 JSON 数据，pojo 类代码如下所示。

2）编写 pojo 类 UserInfo

```
public class UserInfo {
private String userName;
    private String age;
//setter/getter 方法缺省
}
```

3）编写 DoRequest 类的处理方法

代码如下：

```
@RequestMapping("/addUserInfoJson1")
    public void addUserInfoJson1(UserInfo user,HttpServletRequest request,
                HttpServletResponse response){
        String result = "{\"userName\":\" "+ user.getUserName() +"
                \",\"age\":\" "+ user.getAge()+" \"}";
        PrintWriter out = null;
        response.setContentType("application/json");
        System.out.println(result);
        try {
            out = response.getWriter();
            out.write(result);
        } catch (IOException e) {
            e.printStackTrace();
        }
    }
```

程序说明：

（1）本例中的处理方法使用 pojo 类 UserInfo 作为参数，只要 UserInfo 类的属性成员和 JSON 数据的 key 值名称相同，处理方法就可以接收到 JSON 数据。

（2）如何将 JSON 数据返回给 Ajax 呢？本例中首先手工构建 JSON 字符串，并使用 PrintWriter 对象进行输出，通过这样的方法可以将 JSON 格式数据返回给 Ajax。

启动 Tomcat，运行 jsonTest_NoAnnocation.jsp 页面，输入数据进行测试，单击“提交”按钮，在弹出的对话框中显示返回给 Ajax 的 JSON 数据。JSON 非注解方式数据传递测试页面如图 7-4 所示。

本例的这种实现将 JSON 数据返回给 Ajax 的方法是比较复杂的。下面介绍注解方式，通过注解标签能很方便地实现将 JSON 数据返回给 Ajax。

2. 注解方式

使用注解方式，首先需要加入 jackson 的包：

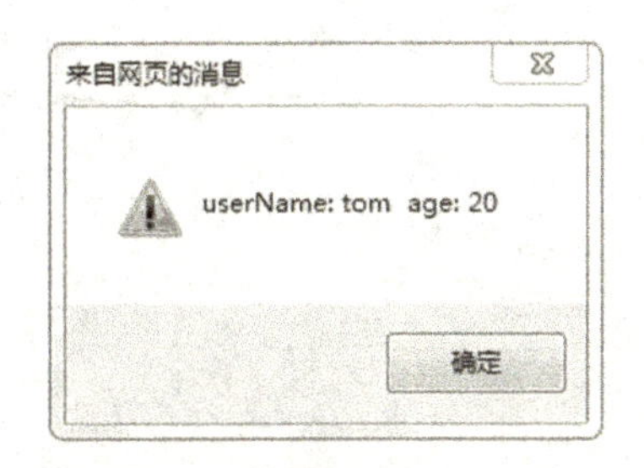

图 7-4　JSON 非注解方式数据传递测试页面

```
jackson-annotations-2.4.0.jar
jackson-core-2.4.2.jar
jackson-databind-2.4.2.jar
```

在 Spring 配置文件中仅需开启注解、配置注解扫描包，这些配置属于基本配置，已经在 chapter7_1 项目的 Spring 配置文件中配置好了。

Controller 处理方法和 JSON 数据进行交互需要的注解标签为@RequestBody 和@Response Body，下面分别进行介绍。

1）@RequestBody 注解标签

@RequestBody 注解标签用于读取 Http 请求的内容（字符串），通过 Spring MVC 提供的 HttpMessageConverter 接口将读到的内容转换为 json、xml 等格式的数据并绑定到 Controller 处理方法的参数上。

@RequestBody 注解标签是可以缺省的，在缺省情况下也可以接收到 JSON 数据，并将 JSON 数据转换为 Java 对象。反之，若使用@RequestBody 注解标签对处理方法的形参进行标记，则必须把请求数据的 contentType 设定为“application/json”，并且请求的数据必须是格式规范的 JSON 数据。

2）@ResponseBody 注解标签

该注解标签用于将 Controller 处理方法返回的对象，通过 HttpMessageConverter 接口转换为指定格式的数据，如 json、xml 等，并通过 Response 响应给客户端。通过@ResponseBody 注解标签能够很方便地实现将 Controller 方法返回对象转换为 JSON 数据响应给客户端。

【例 7-8】 利用注解方式重新实现例 7-7。

（1）请求页面 jsonTest_Annocation.jsp 的 Ajax 部分和例 7-7 有所不同，代码如下：

```
<script type="text/javascript">
    $(document).ready(function(){
        $("#add").click(function(){
            var userName = $("#userName").attr("value");
            var age =$("#age").attr("value");
    var user = {userName:userName,age:age};
            $.ajax({
                url:"addUserInfoJson",
                type:"post",
```

```
                dataType:"json",
                contentType:"application/json",
                data:JSON.stringify(user),
                success:function(a){
                    alert("userName:" + a.userName + " age:" + a.age );
                        },
                error:function()
                {
                    alert("error");
                }
            });
        });
    });
</script>
```

程序说明：

若要使用@RequestBody 注解标签对处理方法的形参进行标记，则对请求的数据有严格的要求。因此，在 Ajax 中必须添加如下代码：

```
dataType:"json",
contentType:"application/json",
data:JSON.stringify(user),
```

（2）重新编写 DoRequest 类的处理方法，代码如下：

```
@RequestMapping(value="/addUserInfoJson2",produces="application/json;charset=UTF-8")
    @ResponseBody
    public UserInfo addUserInfoJson2(@RequestBody UserInfo user,
            HttpServletRequest request,HttpServletResponse response){
    return user;
    }
```

启动 Tomcat，运行 jsonTest_Annocation.jsp 页面，输入数据进行测试，单击“添加”按钮，在弹出的对话框中显示返回给 Ajax 的 JSON 数据。JSON 注解方式数据传递测试页面如图 7-5 所示。

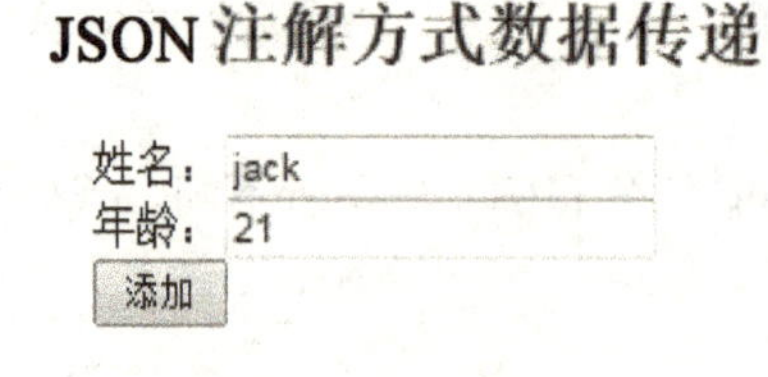

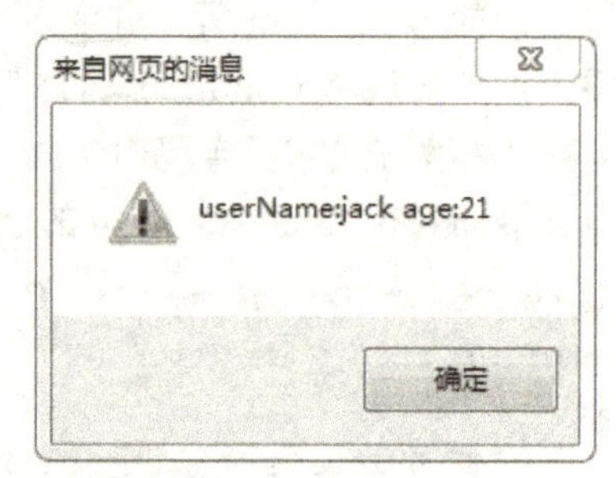

图 7-5　JSON 注解方式数据传递测试页面

由此可见，使用@ResponseBody 注解标签可以很方便地把 JSON 数据传递到页面中。因此，使用注解方式实现和 JSON 数据的交互是 Spring MVC 常用的一种方式。

7.5　Spring MVC 文件的上传

在项目开发过程中经常会涉及文件上传技术。Spring MVC 是通过 commons-fileupload 组件来实现文件上传的。在 Spring MVC 中实现文件上传需要以下步骤。

1. 导入上传所需要的 jar 包

在 Sping MVC 中实现上传首先需要将 commons-fileupload 组件相关的 jar（commons-fileupload-1.3.1.jar 和 commons-io-2.4.jar）复制到 Spring MVC 应用的 WEB-INF/lib 目录下。

2. 编写文件上传页面

<input type="file"/>标签的作用是在浏览器中显示一个输入框和一个按钮。输入框可供用户填写本地文件的文件名和路径名，按钮可以让浏览器打开一个文件选择框供用户选择文件。上传页面的主要代码如下所示：

```
<form name="uploadForm" action="file/fileupload" method="post"
        enctype="multipart/form-data" >
选择文件：<input type="file" name="file">
<input type="submit" value="上传" >
</form>
```

程序说明：

为了完成文件上传，设置该表单的 enctype 属性为 multipart/form-data，并将 method 属性的值设定为 post。

3. 编写 Controller 处理方法

在 Spring MVC 框架中上传文件时，将文件相关信息及操作封装到 MultipartFile 对象中。因此，开发者只需使用 MultipartFile 类型作为 Controller 处理方法的一个形参，即可接收上传文件的信息，并对上传文件进行操作。

编写控制器类 FileUploadController，在该类中编写文件上传处理方法，代码如下：

```
@Controller
@RequestMapping("/file")
public class FileUploadController {
    @RequestMapping("/fileupload")
    public String fileUpload(@RequestParam("file") CommonsMultipartFile file,
                HttpServletRequest request)
            throws IOException {
        if (!file.isEmpty()) {
            try {
                FileOutputStream os = new FileOutputStream("E:/" +
                        file.getOriginalFilename());
                InputStream in = file.getInputStream();
                int b = 0;
                while ((b = in.read()) != -1) {
                    os.write(b);
```

```
                }
                os.flush();
                os.close();
                in.close();
            } catch (FileNotFoundException e) {
                // TODO Auto-generated catch block
                e.printStackTrace();
            }
        }
        return "/success";
    }
}
```

程序说明：

（1）CommonsMultipartFile 类是 MultipartFile 接口的实现类，处理方法中使用 CommonsMultipartFile 类型的形参，可以对上传文件进行操作。

（2）本例中为了测试方便，将上传文件的路径设定为绝对路径。在正式发布环境中，要尽可能避免绝对路径的使用，在正式环境中，开发者可以将路径换成相对路径。

4．配置 Spring 配置文件

为了完成上传，还需要在 Spring 配置文件中对 MultipartResolver 进行配置，即配置上传文件的属性。

```
<bean id="multipartResolver" class="org.springframework.web.multipart.
        commons.CommonsMultipartResolver">
<property name="defaultEncoding" value="utf-8" />
<property name="maxUploadSize" value="10485760000" />
    </bean>
```

程序说明：

defaultEncoding 属性表示默认的字符编码；maxUploadSize 属性表示允许上传文件的最大值，单位为字节。

启动 Tomcat，运行 fileUpload.jsp 页面。fileUpload.jsp 页面如图 7-6 所示。

图 7-6 fileUpload.jsp 页面

可以通过单击“浏览”按钮选择要上传的文件，单击“上传”按钮进行上传。

7.6 Spring MVC 拦截器

7.6.1 拦截器概述

所谓拦截器（Interceptor），指的是在 AOP（Aspect-Oriented Programming，面向切面编程）

中用于在某个方法或字段被访问之前进行拦截，然后在该方法被访问之前或之后加入某些操作。拦截器本质上是 AOP 的一种实现策略，也就是说，符合横切关注点的所有功能都可被放入拦截器实现。

Spring MVC 中的拦截器类似于 Servlet 中的过滤器（Filter），但拦截器和过滤器具有以下区别。

（1）过滤器（Filter）依赖于 Servlet 容器，在实现上基于函数回调，可以对几乎所有请求进行过滤。其缺点是，一个过滤器实例只能在容器初始化时调用一次。使用过滤器的目的是做一些过滤操作，获取用户想要获取的数据，例如在过滤器中修改字符编码；在过滤器中修改 HttpServletRequest 的一些参数，包括过滤低俗文字、危险字符等。

（2）拦截器依赖于 Web 框架，在 Spring MVC 中就是依赖于 Spring MVC 框架；在实现上基于 Java 的反射机制，属于 AOP 的一种运用。由于拦截器是基于 Web 框架的调用，因此可以使用 Spring 的依赖注入（Dependency Injection，DI）进行一些业务操作，同时一个拦截器实例在一个 Controller 生命周期之内可被多次调用。其缺点是只能对 Controller 请求进行拦截，对直接访问静态资源的请求等则无法进行拦截处理。

Spring MVC 中常见的拦截器应用场景如下。

（1）日志记录：记录请求信息的日志，以便实现信息监控、信息统计、计算 PV（Page View，页面浏览量）等。

（2）权限检查：如登录检测，进入处理器检测是否登录，如果没有则直接返回到登录页面。

（3）有时，系统的速度会莫名其妙地变慢，可以通过拦截器在系统进入处理器之前记录开始时间，在处理器处理完后记录结束时间，从而得到该请求的处理时间[如果有反向代理（如 apache），则可以自动记录]。

（4）通用行为：读取 cookie 得到用户信息并将用户对象放入请求，从而方便后续流程使用，还可以提取 Locale、Theme 信息等，只要是多个处理器都需要的就可使用拦截器实现。

（5）OpenSessionInView：如 Hibernate，在进入处理器时打开 Session，在完成后关闭 Session。

7.6.2　Spring MVC 中的默认拦截器

在搭建 Spring MVC 环境时，开发者需要配置前端控制器 DispatcherServlet。DispatcherServlet 实际上就是 Spring MVC 的默认拦截器，DispatcherServlet 是 Spring MVC 所有请求的统一入口，所有请求都通过 DispatcherServlet。也就是说，所有请求在发送给后端控制器 Controller 之前，首先被 DispatcherServlet 拦截，DispatcherServlet 把拦截下来的请求依据一定的规则分发到目标 Controller 来处理。对前端控制器 DispatcherServlet 需要在 web.xml 文件中进行配置，配置代码如下：

```
<servlet>
    <servlet-name>hello</servlet-name>
    <servlet-class>
        org.springframework.web.servlet.DispatcherServlet
    </servlet-class>
</servlet>
```

```
<servlet-mapping>
    <servlet-name>hello</servlet-name>
    <url-pattern>/</url-pattern>
</servlet-mapping>
```

7.6.3 自定义拦截器

Spring MVC 虽然为开发者提供了一些默认的拦截器，但在项目开发中，开发者经常需要自定义拦截器来完成各种功能的实现。在 Spring MVC 中自定义拦截器的实现分为两个步骤：一是定义拦截器，二是在 Spring 配置文件中配置拦截器。

1. 定义拦截器

在 Spring MVC 中，定义拦截器要实现 HandlerInterceptor 接口，并实现该接口中提供的三个方法。

在 Java Web 项目 chapter7_1 的 src 源文件夹下创建包 com.hkd.inteceptor，在该包下创建拦截器类 InteceptorTest.java，并实现 HandlerInterceptor 接口，代码如下：

```
public class InteceptorTest implements HandlerInterceptor {
    @Override
    public void afterCompletion(HttpServletRequest arg0, HttpServletResponse arg1,
                Object arg2, Exception arg3)
            throws Exception {
        System.out.println("Inteceptor1--afterCompletion");
    }
    @Override
    public void postHandle(HttpServletRequest arg0, HttpServletResponse arg1,
                Object arg2, ModelAndView arg3)
            throws Exception {
        System.out.println("Inteceptor1--postHandle");
    }
    @Override
    public boolean preHandle(HttpServletRequest arg0, HttpServletResponse arg1,
                Object arg2) throws Exception {
        System.out.println("Inteceptor1--preHandle");
        return true;
    }
}
```

程序说明：

（1）preHandle 方法用于处理器拦截，顾名思义，该方法在 Controller 处理方法执行之前被调用，该方法的返回值是一个布尔值，返回 true 表示继续流程（如调用下一个拦截器或处理器）；返回 false 表示流程中断（如登录检查失败），不会继续调用其他拦截器或处理器，此时开发者需要通过 response 来产生响应。

（2）postHandle 方法只在当前 Interceptor 的 preHandle 方法的返回值为 true 时执行。postHandle 方法用于处理器拦截，它的执行时间是在 Controller 处理方法完成逻辑处理之后，并且在返回 ModelAndView 之前执行。

（3）afterCompletion 方法也是只在当前 Interceptor 的 preHandle 方法的返回值为 true 时执行。它的执行时间是在 Controller 处理方法完成逻辑处理之后，并且在返回 ModelAndView 之后执行。

2. 配置拦截器

在 config 文件夹下的 Spring MVC.xml 文件中，加入如下配置：

```
<mvc:interceptors>
    <mvc:interceptor>
        <mvc:mapping path="/do/**" />
        <bean class="com.hkd.inteceptor.InteceptorTest" />
    </mvc:interceptor>
</mvc:interceptors>
```

程序说明：

（1）<mvc:mapping path="/do/**" />表示配置对哪些请求进行拦截，其中 path 表示所要拦截的请求的 url，"/do/**"表示 do 目录下的一级或多级目录，如“/do/a”“/do/a/b”或“/do/a/b/c”。若此处的 path 值为“/do/*”，则表示 do 目录下的一级目录，如“/do/a”或“/do/b”。

（2）<bean class="com.hkd.inteceptor.InteceptorTest" />表示配置哪个拦截器对请求进行拦截。

为了便于测试，需要在 Controller 类 DoRequest 中的 class 前加入注解标签，如下所示：

```
@RequestMapping("/do")
public class DoRequest {  }
```

修改例 7-3 中 login_simple.jsp 页面的 form 表单的请求方向，代码如下：

```
<form action="do/doLogin_simple" method="post">  </form>
```

启动 Tomcat，运行 login_simple.jsp 页面，输入数据，单击“提交”按钮，在控制台下输出测试结果：

```
Inteceptor1--preHandle
tom
m123
21
Inteceptor1--postHandle
Inteceptor1--afterCompletion
```

结果表明，preHandle 方法是在处理方法执行前执行的；postHandle 方法是在处理方法完成数据处理后且返回 ModelAndView 之前执行的；afterCompletion 方法是在处理方法完成数据处理后且返回 ModelAndView 之后执行的。

7.6.4　拦截器链

Spring MVC 中的 Interceptor（拦截器）可以是链式的，可以同时存在多个 Interceptor，然后 Spring MVC 会根据声明的前后顺序一个接一个地执行，而且所有的 Interceptor 中的 preHandle 方法都会在 Controller 方法调用之前被调用。对 Spring MVC 的这种 Interceptor 链式结构也可以进行中断，这种中断方式是令 preHandle 方法的返回值为 false，当 preHandle 方法的返回值为 false 时，整个请求就结束了。这时，如果需要重定向或转发到其他页面，则可以采用 request 的转发或 response 的重定向。

拦截器链的工作原理如图 7-7 所示。

（1）当客户端向 Controller 处理方法发送请求时，首先执行拦截器 1 的 preHandle 方法。若拦截器 1 的 preHandle 方法的返回值为 true，则执行拦截器 2 的 preHandle 方法；若拦截器 1 的 preHandle 方法的返回值为 false，则中断处理。若拦截器 2 的 preHandle 方法的返回值为 true，则执行 Controller 处理方法；若拦截器 2 的 preHandle 方法的返回值为 false，则中断处理。

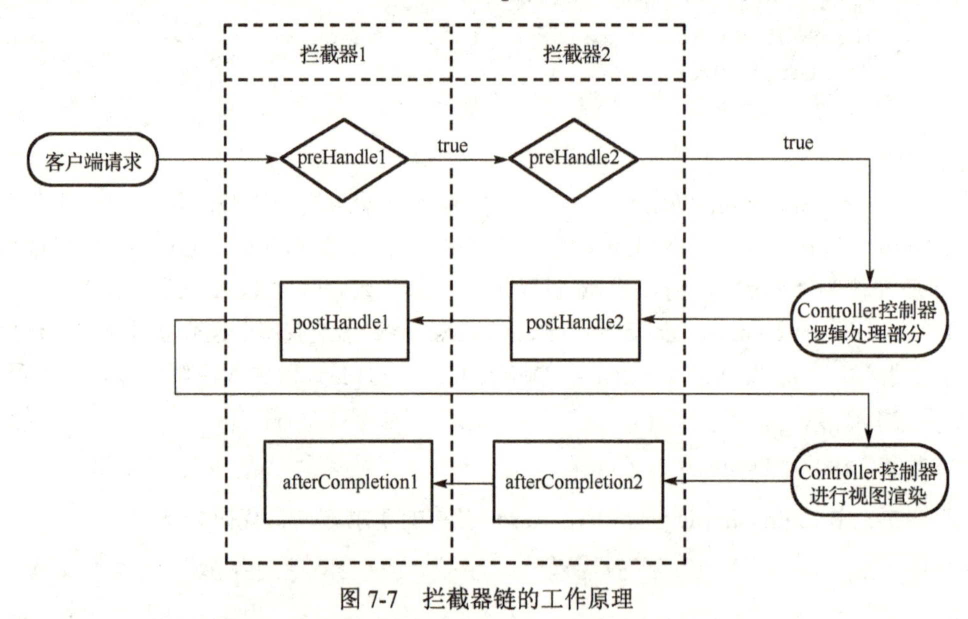

图 7-7　拦截器链的工作原理

（2）当 Controller 处理方法完成逻辑处理后，且在渲染视图之前，首先执行拦截器 2 的 postHandle 方法，然后执行拦截器 1 的 postHandle 方法，当 postHandle 方法完成后，进行视图渲染。

（3）当 Controller 处理方法完成（包括视图渲染）后，首先执行拦截器 2 的 afterCompletion 方法，然后执行拦截器 1 的 afterCompletion 方法。

在项目 chapter7_1 的包 com.hkd.inteceptor 下再创建一个拦截器类 InteceptorTest2. java，代码如下：

```
public class InteceptorTest2 implements HandlerInterceptor {
    @Override
    public void afterCompletion(HttpServletRequest arg0, HttpServletResponse
                arg1, Object arg2, Exception arg3)
            throws Exception {
        System.out.println("Inteceptor2--afterCompletion");
    }
    @Override
    public void postHandle(HttpServletRequest arg0, HttpServletResponse arg1,
                Object arg2, ModelAndView arg3)
```

```
            throws Exception {
        System.out.println("Inteceptor2--postHandle");
    }
    @Override
    public boolean preHandle(HttpServletRequest arg0, HttpServletResponse arg1,
                Object arg2) throws Exception {
        System.out.println("Inteceptor2--preHandle");
        return true;
    }
}
```

在 config 文件夹下的 Spring MVC.xml 文件中配置拦截器链，代码如下：

```
<mvc:interceptors>
    <mvc:interceptor>
        <mvc:mapping path="/do/**" />
        <bean class="com.hkd.inteceptor.InteceptorTest" />
    </mvc:interceptor>
    <mvc:interceptor>
        <mvc:mapping path="/do/**" />
        <bean class="com.hkd.inteceptor.InteceptorTest2" />
    </mvc:interceptor>
</mvc:interceptors>
```

启动 Tomcat，运行 login_simple.jsp 页面，输入数据，单击“提交”按钮，在控制台下输出测试结果：

```
Inteceptor1--preHandle
Inteceptor2--preHandle
tom
m123
32
Inteceptor2--postHandle
Inteceptor1--postHandle
Inteceptor2--afterCompletion
Inteceptor1--afterCompletion
```

7.7　项 目 案 例

7.7.1　案例描述

在第 6 章的项目案例中，完成了浏览图书类别功能的实现；在本章的项目案例中，完成了如下功能模块。

（1）使用注解方式改造浏览图书类别功能的 Controller 处理方法。

（2）完成浏览图书信息功能表示层代码的实现。

（3）完成浏览图书明细信息功能表示层代码的实现。

（4）完成查询图书信息功能表示层代码的实现。

（5）完成用户登录功能数据持久层、业务层、表示层的实现。

（6）完成添加购物车前若用户不登录则不允许添加功能的实现。

注意：在本章实现的功能中，除登录功能外，其他功能的数据持久层、业务层都已经在前面章节中实现了。

7.7.2 案例实施

首先，在在线书城项目 OnLine_BookStore 的 Spring MVC.xml 文件中开启注解、配置注解扫描包，并且对静态资源的访问进行配置，代码如下：

```
<!-- 开启注解-->
    <mvc:annotation-driven/>
    <!-- 配置注解扫描包-->
    <context:component-scan base-package="com.hkd.controller" />
    <!-- 静态资源访问-->
    <mvc:resources location="/js/" mapping="/js/**"/>
    <mvc:resources location="/images/" mapping="/images/**" />
```

然后，在在线书城项目 OnLine_BookStore 的 web.xml 文件中解决中文乱码问题，加入如下配置即可，代码如下：

```
<filter>
    <filter-name>CharacterEncoding</filter-name>
    <filter-class>org.springframework.web.filter.CharacterEncodingFilter
            </filter-class>
    <init-param>
        <param-name>encoding</param-name>
        <param-value>UTF-8</param-value>
    </init-param>
</filter>
    <filter-mapping>
        <filter-name>CharacterEncoding</filter-name>
        <url-pattern>/*</url-pattern>
    </filter-mapping>
```

接下来，逐一实现在 7.7.1 节的案例描述中所列的功能。

在项目 OnLine_BookStore 的 com.hkd.controller 包下创建 Controller 类 DoRequest，在该类中编写处理方法来处理相关请求。为了便于描述，首先在 DoRequest 类中逐一列举需要用到的对象属性，在后面的处理方法中不再列出这些对象属性，而仅仅列出方法主体代码。DoRequest 类代码如下：

```
@Controller
public class DoRequest {
    ProductService psi=new ProductServiceImp();
    CategoryService cs=new CategoryServiceImp();
    ItemService isi=new ItemServiceImp();
    SignonService sbi=new SignonServiceImp();
```

```
//处理方法将在下面的介绍中分别列举
}
```

1. 使用注解方式改造浏览图书类别功能的 Controller 处理方法

```
@RequestMapping("/index")
    public ModelAndView handleRequest(HttpServletRequest arg0, HttpServlet-
                Response arg1) throws Exception {
        ArrayList<Category> clist=cs.selCategory();
        return new ModelAndView("/index","clist",clist);
    }
```

程序说明：

使用注解方式实现该功能的处理方法和使用非注解方式实现该功能处理方法的不同之处如下：

（1）对注解方式的 Controller 类不需要实现 Controller 接口。

（2）对注解方式的 Controller 类不需要在 Spring MVC.xml 文件中进行配置，仅需要开启注解和配置注解扫描包。

（3）在注解方式的 Controller 类上需要使用@Controller 注解标签，在处理方法上需要使用@RequestMapping 注解标签，当然，@RequestMapping 注解标签也可以使用在 Controller 类上。

2. 完成浏览图书信息功能表示层代码的实现

（1）完善客户端请求页面 index.jsp，与发送请求相关的代码如下：

```
<a href="doIndex?category=${category.catid }">${category.name }</a>
```

（2）在 DoRequest 中编写处理方法，在接收请求并处理后选择视图进行响应。

```
@RequestMapping("/doIndex")
public String doIndex(String category,HttpServletRequest request)
{
    ArrayList<Product> plist=psi.getProductByCid(category);
    HttpSession session=request.getSession();
    session.setAttribute("Productlist", plist);
    return "product";
}
```

程序说明：

① 因为该请求的请求参数名为 category，所以在处理方法中需要定义同名的参数来进行接收。

② 如果处理方法中没有指定请求方式，则既可以接收 get 请求，也可以接收 post 请求，因为该请求以 get 方式发送，所以这个处理方法可以接收相关请求。

（3）编写视图 product.jsp，主要代码如下：

```
<table class="a" border="2" width="500px">
    <tr>
    <th bgcolor="#FFFFCC" height="35px">商品编号</th>
    <th bgcolor="#FFFFCC">商品名称</th>
```

```
    </tr>
    <c:forEach var="product" items="${sessionScope.Productlist}"
    varStatus="status">
    <tr>
    <td bgcolor="#CCFFCC" height="30px">
<a href="doProduct?productid=${product.productid}">${product.productid}
</a></td>
<td bgcolor="#CCFFCC" height="30px">${product.name }</td>
</tr>
</c:forEach>
</table>
```

程序说明：

在视图 product.jsp 中使用 Jstl 标签中的迭代标签<c:forEach>实现对 session 范围中存储的列表 Productlist 的遍历。

3．完成浏览图书明细信息功能表示层代码的实现

（1）视图 product.jsp 中与发送请求相关的代码如下：

```
<a href="doProduct?productid=${product.productid}">${product.productid}</a>
```

（2）在 DoRequest 中编写处理方法，接收请求并进行处理，之后选择视图进行响应。

```
@RequestMapping("/doProduct")
public String doProduct(String productid,HttpServletRequest request)
{
    ArrayList<Item> ilist=isi.getInfoByPid(productid);
    HttpSession session=request.getSession();
    session.setAttribute("Itemlist",ilist);
    return "Item";
}
```

程序说明：

因为该请求的请求参数名为 productid，所以在处理方法中需要定义同名的参数来进行接收。

（3）编写视图 Item.jsp 页面，主要代码如下：

```
<table  class="a" border="2" width="550px">
  <tr bgcolor="#FFFFCC" height="35px"><th  >项目编号</th><th >产品编号</th>
  <th>描述</th><th>单价</th>
  <th>操作</th></tr>
<c:forEach var="item" items="${sessionScope.Itemlist}" varStatus="status">
  <tr bgcolor="#CCFFCC"  height="30px">
  <td ><a href="##?itemid=${item.itemid}"> ${item.itemid} </a></td>
  <td >${item.product.productid}</td>
   <td >${item.attr1} ${item.product.name}</td>
    <td >${item.listprice}</td>
    <td><a href="cart/doCart?itemid=${item.itemid}">add to cart</a></td>
```

```
</tr>
</c:forEach>
</table>
```

程序说明：

在视图 Item.jsp 页面中使用 Jstl 标签中的迭代标签<c:forEach>实现对 session 范围中存储的列表 Itemlist 的遍历。

4．完成查询图书信息功能表示层代码的实现

（1）客户端请求页面中与发送请求相关的代码如下。

向 doSearch 处理方法发送请求的请求代码有两处：一处位于每个页面的头部，以表单形式进行发送，代码如下：

```
<form action="doSearch" method="post">
    <input type="text" name="bookdesc" size="10"/>
    <input type="submit"  name="btn" value="search"/>
</form>
```

另一处位于 search.jsp 中，以超链接形式发送，代码如下：

```
<tr><td width="10%"><a href="doSearch?flag=up">上一页</a> </td>
<td width="90%"> <a href="doSearch?flag=down">下一页</a> </td></tr>
```

（2）在 DoRequest 中编写处理方法，接收请求并进行处理，之后选择视图进行响应。

```
@RequestMapping("/doSearch")
    public String doSearch(String bookdesc, String flag,HttpServletRequest request) {
        String bdesc = null;
        HttpSession session = request.getSession();
        if (bookdesc != null)
            session.setAttribute("bdesc", bookdesc);
        bdesc = (String) session.getAttribute("bdesc");
        int count = (int) psi.getProductCount(bdesc);
        int pageNo = 1;
        if (session.getAttribute("pageNo") == null) {
            pageNo = 1;
        } else {
            if ("up".equals(flag)) {
                pageNo = (Integer) session.getAttribute("pageNo");
                if (pageNo > 1)
                    pageNo--;
            } else if ("down".equals(flag)) {
                pageNo = (Integer) session.getAttribute("pageNo");
                if (pageNo < (count / 4))
                    pageNo++;
            }
        }
        session.setAttribute("pageNo", pageNo);
        ArrayList<Product> plist = psi.getProductByDesc(bdesc, pageNo);
```

```
        session.setAttribute("Productlist", plist);
        return "search";
    }
```

程序说明：

① 该请求分别以 post 方式和 get 方式发送，因为处理方法中没有指定请求接收方式，所以该处理方法是可以接收这些请求的。

② 因为该请求的请求参数名分别为 bookdesc 和 flag，所以在处理方法中需要定义同名的参数来进行接收。

③ 查询图书信息时需要对查询信息分页浏览。分页浏览需要调用在前面章节中已经编写好的分页函数 getProductByDesc(String descn, int pageno)，分页算法的关键在参数 pageno 和 descn 的处理上。对于 pageno，可以根据前台传递过来的 flag 参数是“up”还是“down”判断用户是单击“上一页”还是“下一页”按钮，设置 pageno 变量初始值为 1。若用户单击“上一页”按钮，则为 pageno--，否则为 pageno++。需要注意的是：待累增或递减的 pageno 必须从 session 返回中获得，否则就会出现每次都初始化的 bug。另外，当页面已经是最后一页或第一页时，要通过程序进行相应的控制。

descn 的获取是通过获取前台文本框数据获得的。需要注意的是：第一次获取后的数据需要存储在 session 范围中，descn 的值应该从 session 范围中获得所存储的这个数据。这样设计的原因是：当用户单击“上一页”或“下一页”按钮时，数据还是要发送给 doSearch.jsp 的，而这时，因为前台文本框是没有发送数据的，所以传过来的值是 null。若 descn 为 null，则查询不出数据。因此，利用 session 技术解决这个问题。

（3）编写视图 search.jsp 页面，主要代码如下：

```
<table  class="a" border="2" width="600px">
  <tr>
  <th bgcolor="#FFFFCC" height="35px">明细</th>
  <th bgcolor="#FFFFCC" height="35px">产品编号</th>
  <th bgcolor="#FFFFCC" height="35px">名字</th>
  </tr>
  <c:forEach var="product" items="${sessionScope.Productlist}"
  varStatus="status">
  <tr>
  <td bgcolor="#CCFFCC" > ${product.descn} </td>
  <td bgcolor="#CCFFCC">${product.productid}</td>
   <td bgcolor="#CCFFCC" >${product.name}</td> </tr>
  </c:forEach>
    </table>
  <table border="0" align="center" width="600px"  >
  <tr><td width="10%"><a href="doSearch?flag=up">上一页</a> </td>
  <td width="90%"> <a href="doSearch?flag=down">下一页</a> </td>
  </tr>
  </table>
```

程序说明：

① 搜索信息的显示是使用 Jstl 标签和 EL 表达式实现的。

② <a href="doSearch?flag=up">上一页</a>和<a href="doSearch?flag=down">下一页</a>表示当单击“上一页”或“下一页”按钮时，将向 doSearch 处理方法发送一个旗帜变量，该参数的值是 up 或 down。

5. 完成用户登录功能数据持久层、业务层、表示层的实现

用户登录功能主要是对 Signon 表的操作，Signon 表的数据持久层 Dao 模式虽然已在第 3 章中完成部分功能，但并不完善，在本章中将完善 Signon 表的数据持久层，并编写业务层及表示层的代码。

1）数据持久层

（1）Dao 接口——SignonDao。

```
public interface SignonDao {
    public ArrayList<Signon> checkByName(String username,String password);
    public void insertSignon(String username,String password);
    }
```

（2）Dao 接口实现类——SignonDaoImp。

```
public class SignonDaoImp extends BaseDao implements SignonDao {
    @Override
    public ArrayList<Signon> checkByName(String username, String password) {
    String hql = "from Signon where username='" + username + "' and password='"
        + password + "'";
    ArrayList<Signon> list = (ArrayList<Signon>) this.find(hql);
    return list;
    }
    @Override
    public void insertSignon(String username, String password) {
        //代码略
    }
}
```

2）业务层

（1）Service 接口——SignonService。

```
public interface SignonService {
    public boolean checkByName(String username, String password);
    public void insertSignon(String username, String password);
}
```

（2）Service 接口实现类——SignonServiceImp。

```
public class SignonServiceImp implements SignonService {
    SignonDao sd = new SignonDaoImp();
    @Override
    public boolean checkByName(String username, String password) {
        ArrayList<Signon> list = sd.checkByName(username, password);
        if (list.size() > 0)
            return true;
```

```
        else
            return false;
    }
    @Override
    public void insertSignon(String username, String password) {
        sd.insertSignon(username, password);
    }
}
```

3）表示层

（1）登录页面login.jsp的主要代码如下：

```
<form action="doLogin" method="post">
<table class="a" border="2" bgcolor="#CCFFCC" width="400px" height="100px" >
<tr><td width="100px">用户名：</td><td><input type="text" name="username"
            size="20"/></td></tr>
  <tr><td >密码：</td><td><input type="password" name="password"
            size="20"/></td></tr>
 <tr height="40px" bgcolor="#FFFFCC"><td colspan="2" align="center"> <input
            type="submit" name="btn1" value="登录"/>
   <a href=register.jsp>注册</a></td>
 </tr>
  </table>
  </form>
```

（2）在DoRequest中编写处理方法，接收请求、进行处理，并进行响应。

```
@RequestMapping("/doLogin")
    public void doLogin(String username, String password, HttpServletRequest
                request, HttpServletResponse response)
            throws IOException {
        HttpSession session = request.getSession(true);
        if (sbi.checkByName(username, password)) {
            session.setAttribute("loginname", username);
            response.sendRedirect("index");
        }
        else
            response.sendRedirect("login.jsp");
    }
```

程序说明：

① Controller方法的返回值可以是ModelAndView类型、void类型、String类型等，本例中使用的是void类型，void类型的Controller方法可以在形参上定义HttpServletRequest和HttpServletResponse对象，使用HttpServletRequest或HttpServletResponse对象指定响应结果。

② 因为请求参数名分别为username和password，所以在处理方法中需要定义同名的参数来进行接收。

③ 在该处理方法中，处理逻辑是：若用户名和密码正确，则将用户名存储在session范围中，并返回首页，否则重新登录。

6．完成添加购物车前若用户不登录则不允许添加功能的实现

本书在线书城项目中购物车功能的操作需要用户首先登录系统，若用户没有登录则不允许添加购物车。实现若用户不登录则不允许添加功能需要用到本章所介绍的拦截器知识，具体实现步骤如下。

（1）创建拦截器 checkLogin。

```
public class checkLogin implements HandlerInterceptor {
    @Override
    public void afterCompletion(HttpServletRequest arg0, HttpServletResponse
                arg1, Object arg2, Exception arg3)
            throws Exception {
    }
    @Override
    public void postHandle(HttpServletRequest arg0, HttpServletResponse arg1,
                Object arg2, ModelAndView arg3)
            throws Exception {
    }
    @Override
    public boolean preHandle(HttpServletRequest arg0, HttpServletResponse arg1,
                Object arg2) throws Exception {
        //获取 session
        HttpSession session = arg0.getSession();
        String username = (String) session.getAttribute("loginname");
        if (username != null) {
            return true;
        } else {
            arg1.sendRedirect("../login.jsp");
            return false;
        }   }
}
```

（2）配置拦截器。

在 config 文件夹下的 Spring MVC.xml 文件中加入如下配置：

```
<mvc:interceptors>
        <mvc:interceptor>
            <mvc:mapping path="/cart/**" />
            <bean class="com.hkd.inteceptor.checkLogin" />
        </mvc:interceptor>
    </mvc:interceptors>
```

（3）编写处理添加购物车请求的 Controller 类 DoCart。

```
@Controller
@RequestMapping("/cart")
public class DoCart {
    @RequestMapping("/doCart")
    public void doCart(HttpServletResponse response) throws IOException {
```

```
            response.sendRedirect("../cart.jsp");
        }
    }
```

添加购物车请求是由Item.jsp页面发送的，在Item.jsp页面中发送添加购物车请求的代码如下：

```
<a href="cart/doCart?itemid=${item.itemid}">add to cart</a>
```

该请求以超链接形式发送，当请求发送时，首先要经过拦截器进行拦截，在拦截器的preHandle方法中判断用户是否登录，若登录则返回true，然后执行处理方法doCart，通过doCart处理方法进行响应，选择cart.jsp视图进行渲染。反之，若用户没有登录，则preHandle方法返回false，处理中断，并返回login.jsp页面重新登录。

7.7.3 知识点总结

在本章项目案例所实现的功能中充分体现了本章所介绍的知识点，项目案例中所有的处理方法都是使用注解方式实现的，这用到了7.1节介绍的注解方式；浏览图书类别的处理方法的返回值为ModelAndView，浏览图书信息等功能的处理方法的返回值为String，用户登录功能的处理方法的返回值为void，这用到了7.2节介绍的Controller方法的返回值。另外，在接收请求参数上，项目案例所涉及的处理方法遵循形式参数和请求参数同名这一基本原则，这用到了7.3节介绍的知识。在项目案例中，还利用本章介绍的拦截器知识实现了若用户不登录则不允许添加购物车功能。

7.7.4 拓展与提高

在本章项目案例中，虽然提及购物车功能，但是并没有进行详细实现，只是将购物车页面作为拦截器判断用户已经登录后的响应页面。购物车功能是在线书城的一个非常重要的功能，读者可以利用本章及前面章节介绍的内容自行完成。

习 题 7

1．Sping MVC中的常用注解标签有哪些，分别起什么作用？

2．如果前台有很多参数传入，并且这些参数都属于一个对象，那么怎样才能快速得到这个对象？

3．Spring MVC中函数的返回值可以是什么？分别有什么特点？

4．Spring MVC是如何实现重定向和转发的？

5．Spring MVC中的拦截器是如何创建的？

第 8 章　Spring 框架开发技术

8.1　Spring 概述

Spring 框架是一个分层架构，由 7 个定义好的模块组成。其中的 6 个模块构建在 Spring Core 模块之上，Spring Core 模块定义了创建、配置和管理 Bean 的方式，如图 8-1 所示。

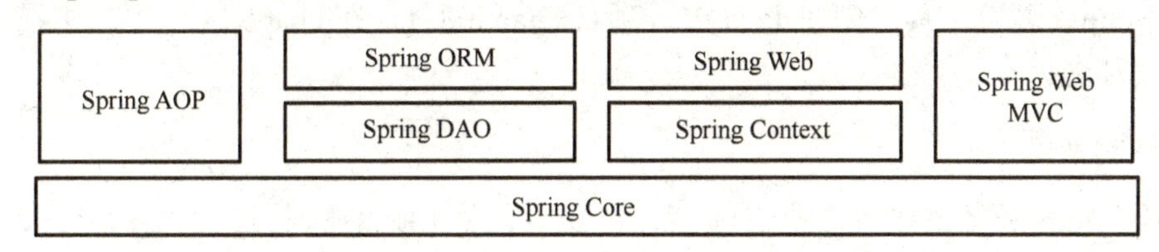

图 8-1　Spring 框架

组成 Spring 框架的每个模块都可以单独存在，或者与其他一个或多个模块联合实现。每个模块的功能如下。

（1）Spring Core：Spring Core 提供 Spring 框架的基本功能。Spring Core 的主要组件是 BeanFactory，它是工厂模式的实现。BeanFactory 使用控制反转（IOC）模式将应用程序的配置和依赖性规范与实际的应用程序代码分开。

（2）Spring Context：Spring Context 是一个配置文件，向 Spring 框架提供上下文信息。Spring Context 包括企业服务，例如 JNDI（Java Naming and Directory Interface，Java 命名和目录接口）、EJB（Enterprise Java Bean，Java 企业 Bean）、电子邮件、国际化、校验和调度功能。

（3）Spring AOP：因为通过配置管理特性，Spring AOP 直接将面向方面的编程功能集成到 Spring 框架中，所以可以很容易地使 Spring 框架管理的任何对象支持 AOP。Spring AOP 为基于 Spring 的应用程序中的对象提供事务管理服务。通过使用 Spring AOP，不用依赖 EJB 组件，就可以将声明性事务管理集成到应用程序中。

（4）Spring DAO：JDBC DAO（Data Access Object，数据访问对象）抽象层提供了有意义的异常层次结构，可用该结构来管理异常处理和不同数据库供应商抛出的错误消息。异常层次结构简化了错误处理，并且大大降低了需要编写的异常代码数量。Spring DAO 的面向 JDBC 的异常遵从通用的 DAO 异常层次结构。

（5）Spring ORM：Spring 框架插入了若干个 Object/Relation Mapping 框架，从而提供了 ORM 的对象关系映射工具，其中包括 JDO、Hibernate 和 iBatis SQL Map。所有这些框架都遵从 Spring 的通用事务和 DAO 异常层次结构。

（6）Spring Web：Spring Web 建立在 Spring Context 模块之上，为基于 Web 的应用程序提供了上下文。因此，Spring 框架支持与 Jakarta Struts 的集成。Spring Web 还简化了处理大部分请求及将请求参数绑定到域对象的工作。

（7）Spring Web MVC：Spring Web MVC 是一个全功能的构建 Web 应用程序的 MVC 实现

模块。通过策略接口，Spring Web MVC 变成高度可配置的，Spring Web MVC 容纳了大量视图技术，其中包括 JSP、Velocity、Tiles、iText 和 POI。

Spring 框架的功能可以用在任何 J2EE 服务器中，大多数功能也适用于不受管理的环境。Spring 的核心要点是：支持不绑定到特定 J2EE 服务的可重用业务和数据访问对象。毫无疑问，这样的对象可以在不同的 J2EE 环境（Web 或 EJB）、独立应用程序、测试环境之间重用。

8.2 Spring 开发准备

8.2.1 Spring 开发环境搭建

使用 Eclipse 开发工具，创建 Java Web 项目 chapter8_1，在 chapter8_1 项目中搭建 Spring 的基本开发环境。

1. 导入 jar 包

首先将 Spring 环境搭建所需要的 jar 包导入 chapter8_1 项目中，将这些 jar 包放在 chapter8_1 项目的 WEB-INF 下的 lib 文件夹中，刷新项目后，这些项目就会导入当前项目中。

Spring 环境搭建所需要的 jar 包如表 8-1 所示。

表 8-1 Spring 环境搭建所需要的 jar 包

包名	作用
spring-core-3.2.0.RELEASE	Spring 框架核心 jar 包
spring-beans-3.2.0.RELEASE	Spring 框架核心 jar 包，负责管理 Bean 对象
spring-context-3.2.0.RELEASE	上下文支持 jar 包
spring-context-support-3.2.0.RELEASE	
spring-aop-3.2.0.RELEASE	面向切面编程使用的 jar 包
spring-aspects-3.2.0.RELEASE	
spring-expression-3.2.0.RELEASE	SpringEL 表达式相关 jar 包
spring-jdbc-3.2.0.RELEASE	数据访问层框架需要的支持 jar 包。用于处理 JDBC 超链接，ORM 映射框架支持和事务管理
spring-orm-3.2.0.RELEASE	
spring-tx-3.2.0.RELEASE	
spring-web-3.2.0.RELEASE	网络支持 jar 包。可以使用 Spring 框架的支持开发 Servlet 代码
spring-webmvc-3.2.0.RELEASE	Spring MVC 插件框架，是一个 MVC 控制层框架
spring-instrument-3.2.0.RELEASE	插件开发的 jar 包
spring-instrument-tomcat-3.2.0.RELEASE	
spring-jms-3.2.0.RELEASE	Java Message Service 辅助 jar 包。学习 ActiveMQ 时需要使用的 jar 包
spring-oxm-3.2.0.RELEASE	Object XML Mapping 映射 jar 包，类似于 ORM
spring-test-3.2.0.RELEASE	Spring 提供的测试插件，类似于 JUnit
spring-webmvc-portlet-4.1.6.RELEASE.jar	使用 Portlet 设计思想，是 MVC 控制层框架，类似于 Spring MVC

其中，前 10 个 jar 包是 Spring 编程必须使用的，后面的那些 jar 包都是可选的。另外，如果用 Spring 进行注解开发，则还需要另一个名为 commons-logging-1.1.1.jar 的 jar 包。

2. 编写 Java Bean 类

在项目 chapter8_1 的 src 文件夹下创建包 com.hkd.bean，在该包下创建 Dog 类，代码如下：

```
package com.hkd.bean;
public class Dog {
    private String name;
    private String color;
    private int age;
    public String getName() {
        return name;
    }
    public void setName(String name) {
        this.name = name;
    }
    public String getColor() {
        return color;
    }
    public void setColor(String color) {
        this.color = color;
    }
    public int getAge() {
        return age;
    }
    public void setAge(int age) {
        this.age = age;
    }
    }
```

程序说明：

注意，一定要添加 setter/getter 方法。

3．编写工厂文件 applicationContext.xml

代码如下：

```
<?xml version="1.0" encoding="UTF-8"?>
<beans xmlns="http://www.springframework.org/schema/beans"
   xmlns:xsi="http://www.w3.org/2001/XMLSchema-instance"
   xsi:schemaLocation="http://www.springframework.org/schema/beans
       http://www.springframework.org/schema/beans/spring-beans-3.2.xsd">
<bean id="dog" class="com.hkd.bean.Dog">
<property name="name" value="tom"/>
<property name="color" value="yellow"/>
<property name="age" value="2"/>
</bean>
</beans>
```

程序说明：

在工厂文件中，Bean 常用的属性有如下三个。

（1）id：一个 Bean 可以通过一个 id 属性唯一地指定和引用，如果 Spring 配置文件中有两个以上相同的 id，则会报 id 冲突异常错误。

（2）class：指定这个 Bean 所关联的类是哪个类，需要使用全类名。

（3）scope：Bean 的作用域有两种（singleton 和 prototype）。如果一个 Bean 是 singleton 形态的，那么就只存在一个共享的实例，所有和这个 Bean 定义的 id 符合的 Bean 请求都会返回这个唯一的、特定的实例。如果 Bean 以 prototype 模式部署，则对这个 Bean 的每次请求都创建一个新的 Bean 实例。在 Spring 工厂文件中，Beans 默认被部署为 singleton 模式。

4．编写测试类进行测试

在项目 chapter8_1 的 src 文件夹下创建包 com.hkd.test，在该包下创建 TestSpring 类，在该类中编写测试函数 testSpring()，代码如下：

```
public class TestSpring {
    @Test
    public void testSpring() {
        BeanFactory factory = new ClassPathXmlApplicationContext
                ("applicationContext.xml");
        Dog dog = (Dog) factory.getBean("dog");
        System.out.println("狗狗昵称："+dog.getName());
        System.out.println("狗狗颜色：" + dog.getColor() );
        System.out.println("狗狗年龄：" + dog.getAge());
    }
}
```

运行该测试函数，输出结果为：

```
狗狗昵称：tom
狗狗颜色：yellow
狗狗年龄：2
```

至此，Spring 的开发环境搭建完成。可以看到，在 Spring 环境下，对象的创建和测试与传统方式是不同的。在传统方式下，对象必须经过创建初始化才可被使用；而在 Spring 环境下，对象的创建是由工厂文件完成的，使用时只需要从工厂文件获取即可，这就是 Spring 中的一个非常重要的思想：IOC（Inversion of Control，控制反转，也缩写为 IoC）。关于 IOC，将在 8.3 节中详细介绍。

另外，在上面的测试程序中用到了 BeanFactory 接口，该接口及其子接口 ApplicationContext 是 Spring 框架中非常重要的两个接口。Spring 使用 BeanFactory 或 ApplicationContext 接口来实例化、配置和管理 Bean。下面将对这两个接口进行介绍。

8.2.2 BeanFactory 接口和 ApplicationContext 接口

1．BeanFactory 接口

BeanFactory 是 IOC 容器的核心接口，它定义了 IOC 的基本功能。BeanFactory 意为 Bean 工厂，即用来创建 Bean 的工厂，实际上是实例化、配置和管理众多 Bean 的容器。这里的 Bean 和之前定义的标准 JavaBean 有些不同。标准 JavaBean 需要符合一定的规范，而这里的 Bean 的范围更大，在这里凡是可以被 Spring 实例化管理的 Java 类都可以称为 Bean。这些 Bean 通

常会彼此合作，因此它们之间会产生依赖。BeanFactory 使用的配置数据可以反映在这些依赖关系中。一个 BeanFactory 可以用接口 org.springframework.beans.factory.BeanFactory 表示，这个接口有多个实现，最简单的 BeanFactory 实现方式是通过 org.springframework.beans.factory.xml.XmlBeanFactory 类来实例化。目前，比较常用的方式是通过 org.springframework.context.support.ClassPathXmlApplicationContext 来实例化。参考代码如下所示：

```
BeanFactory factory=new ClassPathXmlApplicationContext("applicationContext.xml");
```

在大多数情况下，几乎所有被 BeanFactory 管理的用户代码都不需要知道 BeanFactory 的存在，因为 BeanFactory 的实例化通常是由 Spring 框架完成的。例如，在 Web 层会提供支持代码，在 Java EE Web 应用启动过程中自动载入一个 Spring ApplicationContext。

BeanFactory 接口的主要方法为 getBean(String beanName)，该方法根据 Bean 名称从容器返回对应的 Bean。在 8.2.1 节的测试程序中用到了这个方法，代码如下：

```
Dog dog = (Dog) factory.getBean("dog");
```

2. ApplicationContext 接口

ApplicationContext 是 IOC 容器的另一个重要接口，其源码如下：

```
public abstract interface ApplicationContext extends EnvironmentCapable,
            ListableBeanFactory, HierarchicalBeanFactory,  MessageSource,
            ApplicationEvent- Publisher, ResourcePatternResolver {
   public abstract String getId();
   public abstract String getApplicationName();
   public abstract String getDisplayName();
   public abstract long getStartupDate();
   public abstract ApplicationContext getParent();
   public abstract AutowireCapableBeanFactory getAutowireCapableBeanFactory()
            throws IllegalStateException;
}
```

由源码可见，ApplicationContext 是 HierarchicalBeanFactory 的子接口，而 HierarchicalBean Factory 是 BeanFactory 的子接口，其源码如下：

```
public abstract interface HierarchicalBeanFactory extends BeanFactory {
   public abstract BeanFactory getParentBeanFactory();
   public abstract boolean containsLocalBean(String paramString);
}
```

因此，ApplicationContext 由 BeanFactory 派生而来，它继承了 BeanFactory 的基本功能，提供了更多面向实际应用的功能。在 BeanFactory 中，很多功能需要以编程的方式实现，而在 ApplicationContext 中则可以通过配置实现。

BeanFactorty 接口提供了配置框架的基本功能，但是无法支持 Spring 的 AOP 功能和 Web 应用。ApplicationContext 接口作为 BeanFactory 的派生，提供 BeanFactory 所有的功能。而且，ApplicationContext 还在功能上做了扩展，相较于 BeanFactory，ApplicationContext 还提供了以下功能：

（1）MessageSource，提供国际化的消息访问。

（2）资源访问，如 URL 和文件。

（3）事件传播特性，即支持 AOP 特性。

（4）载入多个（有继承关系）上下文，使得每个上下文都专注于一个特定的层次，比如应用的 Web 层。

正是因为 ApplicationContext 接口和 BeanFactory 接口间的继承关系，所以在 8.2.1 节的测试代码中的 BeanFactory 的实例化代码也可以用如下语句替换。

```
    ApplicationContext factory = new ClassPathXmlApplicationContext("application
Context.xml");
```

8.3 控制反转（IOC）和依赖注入（DI）

8.3.1 控制反转和依赖注入概述

控制反转（Inversion of Control，IOC）和依赖注入（Dependency Injection，DI）实际上是同一个概念。在传统的程序设计中，通常由调用者来创建被调用者的实例，而在控制反转或依赖注入的定义中，调用者不负责被调用者的实例创建工作，该工作由 Spring 框架中的容器来负责，它通过开发者的配置来判断实例的类型，创建后再注入调用者。由于 Spring 容器负责创建被调用者实例，实例创建后又负责将该实例注入调用者，因此称为依赖注入；而被调用者的实例创建工作不再由调用者来创建而是由 Spring 来创建，因此称为控制反转。

控制反转和依赖注入对于初学者来说是不容易理解的，为了便于读者理解，我们用通俗易懂的语言来解释控制反转和依赖注入。控制反转指将创建对象的过程或创建对象的权限交给 Spring 框架来进行处理，程序员不必以新建对象的方式来手动创建 JavaBean，这个过程与传统的创建过程不一样，因此称为控制反转。依赖注入指使用 Spring 框架为 JavaBean 的属性赋值的过程。可以这样理解：控制反转是用来创建对象的，依赖注入是对创建后的对象的属性进行赋值的。因此，控制反转和依赖注入解决的都是 Spring 环境下对象的创建问题，只是解决问题的维度不同而已。

8.3.2 依赖注入的三种方式

1．使用属性 setter 方法注入

使用属性 setter 方法注入即通过 setter 方法注入 Bean 的属性值或依赖对象。由于属性 setter 方法注入方式具有可选择性和灵活性高的优点，因此属性注入是在实际应用中最常采用的注入方式。属性注入要求 Bean 提供一个无参数的默认构造函数，并为需要注入的属性提供对应的 setter 方法。Spring 先调用 Bean 的默认构造函数实例化 Bean 对象，然后通过反射的方式调用 setter 方法注入属性值。

如果从注入数据的类型角度来分类，则属性 setter 方法注入可以分为基本类型数据注入（所谓基本类型数据指的是整型、浮点型、字符型、布尔型数据）、对象类型数据注入，以及各种集合类型数据注入。下面通过例子分别对这些数据的注入进行详细介绍。

为了便于说明，我们首先创建项目 chapter8_2，并导入 Spring 开发所需要的 jar 包，编写好 Spring 开发所需要的工厂文件 applicationContext.xml 文件，下面的 setter 方法注入方式及构造方法注入方式也都将使用该工厂文件。对该工厂文件在此统一说明，不再在下面的例题中重复说明，在下面的例题中仅对生产组件部分进行说明，工厂文件代码如下：

```
<?xml version="1.0" encoding="UTF-8"?>
<beans xmlns="http://www.springframework.org/schema/beans"
    xmlns:xsi="http://www.w3.org/2001/XMLSchema-instance"
    xmlns:aop="http://www.springframework.org/schema/aop"
    xmlns:tx="http://www.springframework.org/schema/tx"
    xsi:schemaLocation="http://www.springframework.org/schema/beans
    http://www.springframework.org/schema/beans/spring-beans-3.2.xsd
    http://www.springframework.org/schema/aop http://www.springframework.org/
            schema/aop/spring-aop-3.2.xsd
     http://www.springframework.org/schema/tx http://www.springframework.org/
            schema/tx/spring-tx-3.2.xsd">
<!-- 组件生成部分-->
</beans>
```

1）基本类型数据注入

【例 8-1】 以 IOC 方式生成部门类对象，并进行测试。

在 chapter8_2 项目的 src 文件夹下创建 com.hkd.bean 包，在该包下创建部门类，代码如下：

```
package com.hkd.bean;
public class Department {
    private String did;
    private String dname;
    public String getDid() {
        return did;
    }
    public void setDid(String did) {
        this.did = did;
    }
    public String getDname() {
        return dname;
    }
    public void setDname(String dname) {
        this.dname = dname;
    }
}
```

程序说明：

注意要使用 setter 方法注入，必须保证类中有一个默认的构造函数，并且要添加属性的 setter 方法。

在工厂文件 applicationContext.xml 中添加组件生成部分，代码如下：

```
<bean id="dept" class="com.hkd.bean.Department">
<property name="did" value="1002"/>
<property name="dname" value="人事部"/>
</bean>
```

程序说明：

（1）组件生成需要用到 Bean 标签，Bean 标签的属性 id 表示 Bean 的名称，属性 class 表示 Bean 所关联的类。

（2）对基本类型的属性注入需要用到 Bean 标签的子标签<property>，<property>子标签的属性 name 表示要注入的属性名称，属性 value 表示要注入的属性值。

在项目 chapter8_2 的 src 文件夹下创建包 com.hkd.test，在该包下创建 TestSpring 类，在该类中编写测试函数 testSingle()，代码如下：

```
@Test
    public void testSingle() {
    ApplicationContext factory = new ClassPathXmlApplicationContext
            ("applicationContext.xml");
    Department dept = (Department) factory.getBean("dept");
    System.out.println("部门编号：" + dept.getDid() );
    System.out.println("部门名称："+dept.getDname());
    }
```

程序说明：

本测试函数中使用 BeanFactory 的子接口 ApplicationContext 来定义工厂类，读者也可以使用 BeanFactory 来定义工厂类。

2）对象类型数据注入

【例 8-2】 测试对象类型数据的注入。

在 com.hkd.bean 包下创建员工类，代码如下：

```
package com.hkd.bean;
public class Employee {
    private String eid;
    private String ename;
    private Department dept;
    public String getEid() {
        return eid;
    }
    public void setEid(String eid) {
        this.eid = eid;
    }
    public String getEname() {
        return ename;
    }
    public void setEname(String ename) {
        this.ename = ename;
    }
    public Department getDept() {
```

```
        return dept;
    }
    public void setDept(Department dept) {
        this.dept = dept;
    }
}
```

程序说明：

在员工类中包含一个 Department 类对象类型的属性 dept。下面将重点介绍如何实现对象类型的属性数据的注入。

在工厂文件 applicationContext.xml 中添加员工类组件生成部分，代码如下：

```
<bean id="emp" class="com.hkd.bean.Employee">
<property name="eid" value="10001"/>
<property name="ename" value="jack"/>
<property name="dept" ref="dept"/>
</bean>
```

程序说明：

实现 Department 类对象类型的属性 dept 的注入语句为<property name="dept" ref="dept"/>，其中 name 表示属性名称，ref 表示对象属性的值。需要注意的是，ref 所引用的对象必须是已在工厂文件中创建的。

在 TestSpring 类中编写测试函数 testObject()，代码如下：

```
@Test
public void testObject() {
ApplicationContext factory = new ClassPathXmlApplicationContext
            ("applicationContext.xml");
Employee emp=(Employee) factory.getBean("emp");
System.out.println("员工编号:"+emp.getEid());
System.out.println("员工姓名:"+emp.getEname());
System.out.println("员工部门:"+emp.getDept().getDname());
}
```

3）各种集合类型数据注入

集合类型也是类的属性的常见类型。集合类型包括 Set 集合、List 集合、Map 集合等。下面将通过例题详细介绍集合类型数据的注入方式。

【例 8-3】 测试集合类型数据注入。

在 com.hkd.bean 包下创建学生类，代码如下：

```
package com.hkd.bean;
import java.util.HashMap;
import java.util.HashSet;
import java.util.List;
import java.util.Map;
import java.util.Set;
public class Student {
    private Set<String> course_set=new HashSet<String>();
```

```
    private List<Integer> score_list;
    private Map map=new HashMap();
    public Set<String> getCourse_set() {
        return course_set;
    }
    public void setCourse_set(Set<String> course_set) {
        this.course_set = course_set;
    }
    public List<Integer> getScore_list() {
        return score_list;
    }
    public void setScore_list(List<Integer> score_list) {
        this.score_list = score_list;
    }
    public Map getMap() {
        return map;
    }
    public void setMap(Map map) {
        this.map = map;
    }
}
```

程序说明：

在学生类Student中分别定义Set集合类型的属性course_set、List集合类型的属性score_list及Map集合类型的属性map。下面将重点介绍如何实现这些集合类型的属性数据的注入。

在工厂文件applicationContext.xml中添加学生类组件生成部分，代码如下：

```
<!-- 集合类型测试-->
<bean id="student" class="com.hkd.bean.Student">
<property name="course_set"><!-- name 表示的是数据成员的名字-->
<set>  <!-- set 标签-->
<value>Java 编程基础</value>
<value>JSP 程序涉及</value>
<value>JavaEE 框架技术</value>
</set>
</property>
<property name="score_list">
<list>
<value>90</value>
<value>80</value>
<value>91</value>
</list>
</property>
<property name="map">
<map>
<entry key="key1" value="map1"/>
<entry key="key2" value="map2"></entry>
</map>
```

```
</property>
</bean>
```

程序说明：

（1）在注入 Set 集合类型数据时，在<property>标签中需要使用<set>子标签。若 Set 集合类型中的数据是基本类型数据或者 String 类型数据，则在<set>子标签中使用<value>子标签来进行数据注入。若 Set 集合类型中的数据是对象类型数据，则在<set>子标签中使用<ref>子标签来进行数据注入。<value>子标签的使用可以参考本例中的代码，<ref>子标签的使用方式如下所示：

```
<ref bean="employee"/>
```

（2）在注入 List 集合类型数据时，在<property>标签中需要使用<List>子标签，其他注入细节和 Set 集合类型数据的注入方式相同。

（3）在注入 Map 集合类型数据时，在<property>标签中需要使用<map>子标签，在<map>子标签中需要使用<entry>子标签来注入 Map 集合类型数据中的键值对。语法如下：

```
<entry key="key1" value="map1"/>
```

其中，<entry>子标签的属性 key 表示“键”，value 表示“值”。

接下来，在 TestSpring 类中编写测试函数 testCollection()以测试注入是否正确，代码如下：

```
@Test
    public void testCollection() {
        ApplicationContext factory = new ClassPathXmlApplicationContext
                ("applicationContext.xml");
        Student stu=(Student) factory.getBean("student");
        //Set 集合输出测试
         Set<String> cset=stu.getCourse_set();
         Iterator it=cset.iterator();
         while(it.hasNext())
         {
             System.out.println(it.next());
         }
        //List 集合输出测试
        List<Integer> list=stu.getScore_list();
         for(Integer score:list)
         {
             System.out.println(score);
         }
        //Map 集合输出测试
         Map map=stu.getMap();
         Set set=map.keySet();//KeySet()是 Set 的集合
         Iterator mit=set.iterator();
         while(mit.hasNext())
         {
             System.out.println(map.get(mit.next()));
         }
    }
```

在上述内容中，详细介绍了 setter 方法注入，setter 方法注入是比较常用的一种注入方式。上面的例题比较侧重于语法介绍，下面将利用这些语法完成进阶训练。

【例 8-4】 使用面向接口的方式定义并实现武器系统，并为军队装配这些武器系统，然后在工厂文件中产生这些 JavaBean，并进行测试。实现的步骤和具体代码如下。

首先，在项目 chapter8_2 的 src 文件夹下创建 com.hkd.army 包，以下类和接口都在该包下创建。

（1）定义一个接口 Assaultable（可攻击的），该接口有一个抽象方法 attack()。

```
public interface Assaultable {
    public void attack();//抽象方法 attack()
}
```

（2）定义一个接口 Mobile（可移动的），该接口有一个抽象方法 move()。

```
public interface Mobile {
    public void move();//抽象方法 move()
}
```

（3）定义一个抽象类 Weapon，实现 Assaultable 接口和 Mobile 接口，但并没有给出具体的实现方法。

```
public abstract class Weapon implements Assaultable, Mobile {
//实现 Assaultable 接口和 Mobile 接口
}
```

（4）定义 3 个类：Tank、Flighter、WarShip 都继承自 Weapon，分别用不同的方式实现 Weapon 类中的抽象方法。

```
public class Tank extends Weapon{
    public void attack() {
        System.out.println("坦克攻击");
    }
    public void move() {
        // TODO Auto-generated method stub
        System.out.println("坦克移动");
    }
}
public class Flighter extends Weapon {
    public void attack() {
        // TODO Auto-generated method stub
        System.out.println("飞机攻击");
    }
    public void move() {
        // TODO Auto-generated method stub
        System.out.println("飞机移动");
    }
}
public class WarShip extends Weapon{
    public void attack() {
```

```
        // TODO Auto-generated method stub
        System.out.println("战舰攻击");
    }
    public void move() {
        // TODO Auto-generated method stub
        System.out.println("战舰移动");
    }
}
```

（5）写一个类 Army，代表一支军队，这个类有一个属性是 Weapon 数组 w（用来存储该军队所拥有的所有武器）；在这个类中还定义两个方法，即 attackAll()和 moveAll()，让 w 数组中的所有武器攻击和移动。

```
package com.hkd.army;
public class Army {
    Weapon w[];
    public Weapon[] getW() {
        return w;
    }
    public void setW(Weapon[] w) {
        this.w = w;
    }
    public void attackAll()//所有武器攻击
    {
        int i;
        for (i = 0; i < w.length; i++)
            if (w[i] != null)
                w[i].attack();
    }
    public void moveAll()//所有武器移动
    {
        int i;
        for (i = 0; i < w.length; i++)
            if (w[i] != null)
                w[i].move();
    }
}
```

在工厂文件 applicationContext.xml 中创建这些武器系统，并将这些武器装配给军队，代码如下：

```
<!-- 构建军队-->
<bean id="tank" class="com.hkd.army.Tank"/>
<bean id="flighter" class="com.hkd.army.Flighter"/>
<bean id="warship" class="com.hkd.army.WarShip"/>
<bean id="army" class="com.hkd.army.Army">
<property name="w">
<list>
<ref bean="tank"/>
```

```
<ref bean="flighter"/>
<ref bean="warship"/>
</list>
</property>
</bean>
```

在 TestSpring 类中编写测试函数 testArmy()进行测试，代码如下：

```
@Test
    public void testArmy() {
    ApplicationContext factory = new ClassPathXmlApplicationContext
            ("applicationContext.xml");
    Army army=(Army) factory.getBean("army");
    army.attackAll();
    army.moveAll();
    }
```

2．使用构造方法注入

构造方法注入是除 setter 方法注入外的另一种常用的注入方式，它保证一些必要的属性在 Bean 实例化时就得到设置，并且确保 Bean 实例在实例化后就可以使用。

使用构造方法注入时需要注意：

（1）在类中，不需要为属性设置 setter 方法，但是需要生成该类带参数的构造方法。

（2）在配置文件中配置该类的 Bean，并配置构造器，在配置构造器中用到了<constructor-arg>标签，该标签有以下四个属性。

① index：索引，指定注入是第几个属性，从 0 开始。

② type：指该属性所对应的类型。

③ ref：指引用的依赖对象。

④ value：当注入的不是依赖对象，而是基本数据类型时，则用 value。

从<constructor-arg>标签的这些属性可以看出，利用构造方法进行注入时既可以根据属性的类型进行注入，也可以根据属性的索引进行注入。因为属性的类型有可能相同，而属性的索引是唯一的，所以根据属性的索引进行注入的方式比较常用。

【例 8-5】 测试构造方法注入方式。

编写 User 类，并添加带参数的构造方法，代码如下：

```
public class User {
    private String id;
    private String uname;
    public User(String id, String uname) {
        super();
        this.id = id;
        this.uname = uname;
    }
    public String getId() {
        return id;
    }
```

```
    public String getUname() {
        return uname;
    }
}
```

程序说明：

User 类中有两个属性：id 和 name。在该类中不需要这两个属性的 setter 方法，但为了方便测试，添加了这两个属性的 getter 方法。另外，必须在该类中添加带参数的构造方法。

在工厂文件 applicationContext.xml 中使用构造方法注入方式，实现 User 类的对象的产生，代码如下：

```
<bean id="user" class="com.hkd.bean.User">
<constructor-arg value="zhangsan"/>
<constructor-arg value="10001"/>
</bean>
```

程序说明：

本例中的构造方法注入方式是根据属性的索引进行注入的，若没有指定<constructor-arg>标签的 index 属性，则注入时是按照书写的顺序依次注入到构造方法对应的参数中的，如在本例中，将会把"zhangsan"注入到属性 id 中，而会把"10001"注入到属性 name 中。这样的数据显然不太符合常理，因此可以利用 index 属性来指定注入的参数，改造过的代码如下所示：

```
<constructor-arg index="1" value="zhangsan"/>
<constructor-arg index="0" value="10001"/>
```

这样就可以按照 index 所指定的索引号，将 value 的值注入构造方法对应的参数中了。

然后，在 TestSpring 类中编写测试函数 testConstruct()来测试注入是否正确，代码如下：

```
@Test
    public void testConstruct() {
    ApplicationContext factory = new ClassPathXmlApplicationContext
            ("applicationContext.xml");
    User user = (User) factory.getBean("user");
    System.out.println(user.getId());
    System.out.println(user.getUname());
    }
```

3. 使用注解方式注入

注解方式注入是一种非常高效的开发方式，使用注解方式需要注意以下两个问题。

1）注解标签的使用

注解方式注入的注解标签主要分为两类：一类用于注解 JavaBean，另一类用于注入数据。下面对这两类标签分别进行介绍。

（1）用于注解 JavaBean 的注解标签

用于注解 JavaBean 的注解标签需要在类的定义上进行注解，主要有如表 8-2 所示的 4 个。

（2）用于注入数据的注解标签

用于注入数据的注解标签需要在类的属性或属性的 setter 方法上进行注解，如表 8-3 所示。

表 8-2　用于注解 JavaBean 的注解标签

注解标签	作用
@Component	该标签泛指所标记的类是组件，Spring 扫描注解配置时，会标记这些类要生成 Bean
@Service	该标签所标记的类是 Service 层类，Spring 扫描注解配置时，会标记这些类要生成 Bean
@Controller	该标签所标记的类是 Controller 层类，Spring 扫描注解配置时，会标记这些类要生成 Bean
@Repository	该标签所标记的类是数据持久层类，Spring 扫描注解配置时，会标记这些类要生成 Bean

表 8-3　用于注入数据的注解标签

注解标签	作用
@Value	实现基本类型数据的注入
@Autowired	实现自动注入，自动从 Spring 的上下文找到合适的 Bean 来注入
@Qualifier	Qualifier 通常和 Autowired 配合使用，用来指定 Bean 的名称

2）在工厂文件中进行相应的配置

在工厂文件中首先需要对头文件进行修改，加入支持注解方式的配置文件：

```
xmlns:context="http://www.springframework.org/schema/context"
  xsi:schemaLocation=http://www.springframework.org/schema/context
   http://www.springframework.org/schema/context/spring-context-3.2.xsd
```

还需要在工厂文件中加入开启注解的配置及注解扫描包的配置，代码如下：

```
<context:annotation-config/>
<context:component-scan base-package="com.hkd.bean"/>
```

程序说明：

（1）<context:annotation-config/>表示开启注解，是注解方式的启动开关。如果没有该语句，则不能使用注解方式。

（2）<context:component-scan base-package="com.hkd.bean"/>表示将会对 base-package 所指定的包下的类进行自动扫描。

在 src 文件夹下创建 app_annotation.xml 文件，在该文件中，编写支持注解方式注入的完整配置文件代码。

```
<beans xmlns="http://www.springframework.org/schema/beans"
    xmlns:xsi="http://www.w3.org/2001/XMLSchema-instance"
    xmlns:context="http://www.springframework.org/schema/context"
    xmlns:aop="http://www.springframework.org/schema/aop"
    xmlns:tx="http://www.springframework.org/schema/tx"
    xsi:schemaLocation="http://www.springframework.org/schema/beans
    http://www.springframework.org/schema/beans/spring-beans-3.2.xsd
    http://www.springframework.org/schema/context
    http://www.springframework.org/schema/context/spring-context-3.2.xsd
    http://www.springframework.org/schema/aop http://www.springframework.org/
            schema/aop/spring-aop-3.2.xsd
    http://www.springframework.org/schema/tx http://www.springframework.org/
            schema/tx/spring-tx-3.2.xsd">
<context:annotation-config/>
```

```
<context:component-scan base-package="com.hkd.bean"/>
</beans>
```

【例 8-6】 编写 Teacher 类和 Course 类，使用注解方式进行注入，并进行测试。

加入注解后的 Teacher 类代码如下：

```
package com.hkd.bean;
import org.springframework.beans.factory.annotation.Value;
import org.springframework.stereotype.Component;
@Component("teacher")
public class Teacher {
    @Value("10001")
    private String tid;
    @Value("张三")
    private String tname;
    public String getTid() {
        return tid;
    }
    public void setTid(String tid) {
        this.tid = tid;
    }
    public String getTname() {
        return tname;
    }
    public void setTname(String tname) {
        this.tname = tname;
    }
}
```

加入注解后的 Course 类代码如下：

```
package com.hkd.bean;
import org.springframework.beans.factory.annotation.Autowired;
import org.springframework.beans.factory.annotation.Qualifier;
import org.springframework.beans.factory.annotation.Value;
import org.springframework.stereotype.Component;
@Component("course")
public class Course {
    @Value("100111")
    int cid;
    @Autowired
    @Qualifier(value="teacher")
    Teacher teahcer;
    public int getCid() {
        return cid;
    }
    public void setCid(int cid) {
        this.cid = cid;
    }
```

```
    public Teacher getTeahcer() {
        return teahcer;
    }
    public void setTeahcer(Teacher teahcer) {
        this.teahcer = teahcer;
    }
}
```

程序说明：

（1）@Component("teacher")注解表示自动创建一个名字为 teacher 的 JavaBean 组件，该注解语句等价于如下语句：

```
<bean id="teacher" class="com.hkd.bean.Teacher"/>
```

（2）@Value("10001")表示将值 10001 赋给某个基本类型的变量，该注解语句等价于如下语句：

```
<property name="tid" value="10001"/>
```

（3）@Autowired 和@Qualifier(value="teacher")语句通常配合使用实现对对象数据的注入，该注解语句等价于如下语句：

```
<property name="teacher" ref=" teacher "/>
```

在 TestSpring 类中编写测试函数 testAnnotation()，对注解注入进行测试。

```
@Test
    public void testAnnotation() {
    ApplicationContext factory = new ClassPathXmlApplicationContext
              ("app_annotation.xml");
    Course course = (Course) factory.getBean("course");
    System.out.println(course.getCid());
    System.out.println(course.getTeahcer().getTname());
    }
```

【例 8-7】 实现打印机程序，为学院购进黑白和彩色打印机，用面向接口的编程方式模拟实现，并使用注解方式实现 JavaBean 的创建。

首先在项目 chapter8_2 的 src 文件夹下创建 com.hkd.printer 包，以下类和接口都在该包下创建。

（1）抽象出 Java 接口

黑白、彩色打印机都存在一个共同的方法特征：print()，黑白、彩色打印机对 print()方法有各自不同的实现，抽象出 Java 接口 PrinterFace，在其中定义方法 print()，具体实现为：

```
public interface PrintInterface {
    public void print(String content);
}
public interface UsbInterface {
    public int count=3;
    public void service();
}
public abstract class PrintAbstract implements PrintInterface,UsbInterface {
}
```

（2）实现 Java 接口

已经抽象出 Java 接口 PrinterFace，并在其中定义了 print()方法，黑白、彩色打印机对 print()方法有各自不同的实现；黑白、彩色打印机都实现 PrinterFace 接口，各自实现 print()方法，具体实现如下。

彩色打印机实现类：

```
import org.springframework.stereotype.Component;
@Component("colorprinter")
public class ColorPrinter extends PrintAbstract{
    public void service() {
        System.out.println("打印机启动了");
    }
    public void print(String content) {
        System.out.println("彩色打印机"+content);
    }
}
```

黑白打印机实现类：

```
import org.springframework.stereotype.Component;
@Component("blackprinter")
public class BlackPrinter extends PrintAbstract {
    public void print(String content) {
        System.out.println("黑白打印机"+content);
    }
    public void service() {
        System.out.println("打印机启动了");
    }
}
```

（3）使用 Java 接口

主体构架使用 Jave 接口，让该接口构成系统的骨架，更换实现接口的类就可以更换系统的实现，具体实现为：

```
import org.springframework.beans.factory.annotation.Autowired;
import org.springframework.beans.factory.annotation.Qualifier;
import org.springframework.stereotype.Component;
@Component("softschool")
public class SoftSchool {
    @Autowired
    @Qualifier(value="blackprinter")
    PrintAbstract printer;
    public void print(String content)
    {
        System.out.println("软件学院");
        printer.print(content);
    }
    public PrintAbstract getPrinter() {
```

```
        return printer;
    }
    public void setPrinter(PrintAbstract printer) {
        this.printer = printer;
    }
}
```

除以上的代码外，还需要在工厂文件 app_annotation.xml 中加入要扫描的包，代码如下：

```
<context:component-scan base-package="com.hkd.printer"/>
```

然后，在 TestSpring 类中编写测试函数 testPrinter()进行测试，代码如下：

```
@Test
    public void testPrinter() {
    ApplicationContext factory = new ClassPathXmlApplicationContext
                ("app_annotation.xml");
    SoftSchool softschool=(SoftSchool) factory.getBean("softschool");
    softschool.print("helloworld");
    }
```

运行后，结果显示正常。

8.4　项 目 案 例

8.4.1　案例描述

在本章项目案例中，将在工厂文件中完成如下功能的业务层组件的创建工作，并进行测试。

（1）浏览图书类别功能。

（2）浏览图书信息功能和查询图书信息功能。

（3）浏览图书明细信息功能。

（4）用户登录功能。

因为在本章知识环节中并没有实现将 Hibernate 交由 Spring 进行管理，因此本章所进行的这些工作主要是为后续章节的框架整合做一些代码方面的准备。

8.4.2　案例实施

本章项目案例的实施过程如下。

（1）要完成本章项目案例，首先需要在在线书城项目中搭建 Spring 开发环境，具体操作可以参考 8.2.1 节。

（2）相关功能的数据持久层的代码在前面章节中已经完成，并且不需要进行改变，读者可以参考前面章节的项目案例。而对相关功能业务层的代码需要进行一些修改，因为在前面章节的业务层的代码中已直接定义并初始化了数据持久层的类，使业务层和数据持久层实际上是强耦合在一起的；而在本章项目案例中，需要利用本章所介绍的 IOC（控制反转）、DI（依赖注入）实现业务层和数据持久层的解耦合，因此需要对业务层的代码进行修改。

修改后的业务层代码如下所示。

浏览图书类别功能业务层代码：

```
public class CategoryServiceImp implements CategoryService {
    CategoryDao cd;
    public CategoryDao getCd() {
        return cd;
    }
    public void setCd(CategoryDao cd) {
        this.cd = cd;
    }
    @Override
    public ArrayList<Category> selCategory() {
        ArrayList<Category> clist = cd.selCategory();
        return clist;
    }

}
```

浏览图书信息功能和查询图书信息功能业务层代码：

```
public class ProductServiceImp implements ProductService {
    ProductDao pd;
    public ProductDao getPd() {
        return pd;
    }
    public void setPd(ProductDao pd) {
        this.pd = pd;
    }
    @Override
    public ArrayList<Product> getProductByCid(String categoryid) {
        ArrayList<Product> plist=pd.getProductByCid(categoryid);
        return plist;
    }
    @Override
    public ArrayList<Product> getProductByDesc(String descn, int pageno) {
        return pd.getProductByDesc(descn, pageno);
    }
    @Override
    public long getProductCount(String name) {
        return pd.getProductCount(name);
    }
}
```

浏览图书明细信息功能业务层代码：

```
public class ItemServiceImp implements ItemService {
    ItemDao itd;
    public ItemDao getItd() {
```

```
        return itd;
    }
    public void setItd(ItemDao itd) {
        this.itd = itd;
    }
    @Override
    public ArrayList<Item> getInfoByPid(String productid) {
        ArrayList<Item> ilist = itd.getInfoByPid(productid);
        return ilist;
    }
}
```

用户登录功能业务层代码：

```
public class SignonServiceImp implements SignonService {
    SignonDao sd;
    public SignonDao getSd() {
        return sd;
    }
    public void setSd(SignonDao sd) {
        this.sd = sd;
    }
    @Override
    public boolean checkByName(String username, String password) {
        ArrayList<Signon> list = sd.checkByName(username, password);
        if (list.size() > 0)
            return true;
        else
            return false;
    }
  //其他接口函数略
}
```

程序说明：

以上业务层代码主要进行了如下修改：使用数据持久层的接口来定义数据持久层的对象，并且添加这些对象的 setter/getter 方法，另外，接口所定义对象的实例化不是在业务层中完成的，而是在工厂文件中完成的，这样的修改使得业务层和数据持久层的耦合度降低，能够实现业务层和数据持久层解耦合的效果。

（3）在在线书城项目 OnLine_BookStore 的 src 文件夹的 config 文件夹下创建工厂文件 applicationContext.xml，对于该文件的头文件部分，读者可以参考例 8-6。这里重点介绍数据持久层和业务层组件的创建，具体代码如下：

```
<bean id="signondao" class="com.hkd.daoImp.SignonDaoImp" />
<bean id="signonservice" class="com.hkd.service.SignonServiceImp">
<property name="sd" ref="signondao"></property>
</bean>
<bean id="productdao" class="com.hkd.daoImp.ProductDaoImp" />
<bean id="productservice" class="com.hkd.service.ProductServiceImp">
```

```
<property name="pd" ref="productdao"></property>
</bean>
<bean id="itemdao" class="com.hkd.daoImp.ItemDaoImp" />
<bean id="itemservice" class="com.hkd.service.ItemServiceImp">
<property name="itd" ref="itemdao"></property>
</bean>
<bean id="categorydao" class="com.hkd.daoImp.CategoryDaoImp" />
<bean id="categoryservice" class="com.hkd.service.CategoryServiceImp">
<property name="cd" ref="categorydao"></property>
</bean>
```

（4）编写测试类 testSpring，在测试类中编写测试方法，分别对业务层的组件进行测试，代码如下：

```
public class TestSpring {
    ApplicationContext factory = null;
    @Before
    public void init() {
        factory = new ClassPathXmlApplicationContext("config/applicationContext.xml");
    }
    @Test
    public void testLogin() {
        SignonService ss = (SignonService) factory.getBean("signonservice");
        if (ss.checkByName("j2ee", "j2ee")) {
            System.out.println("登录成功");
        } else {
            System.out.println("登录失败");
        }
    }
    @Test
    public void testCategory() {
        CategoryService cs = (CategoryService) factory.getBean("categoryservice");
        ArrayList<Category> clist = cs.selCategory();
        for (Category category : clist)
            System.out.println(category.getName());
    }
    @Test
    public void testProduct() {
        ProductService ps = (ProductService) factory.getBean("productservice");
        ArrayList<Product> plist = ps.getProductByCid("FISH");
        for (Product product : plist)
            System.out.println(product.getName());
    }
    @Test
    public void testItem() {
        ItemService is = (ItemService) factory.getBean("itemservice");
        ArrayList<Item> ilist = is.getInfoByPid("FI-SW-01");
```

```
        for (Item item : ilist)
            System.out.println(item.getItemid());
    }
}
```

经过测试，这些程序都运行正常，并且输出结果正确，这样在线书城相关功能业务层的代码都已经以 Spring IOC 的方式实现。

8.4.3 知识点总结

在项目案例中，利用本章重点介绍的控制反转（IOC）和依赖注入（DI）实现了业务层的改造，实现了业务层和数据持久层的解耦合。在本案例中，主要使用了依赖注入的 setter 方法注入方式完成数据持久层组件对象的注入。因此，在业务层的实现中需要添加带注入属性对象的 setter/getter 方法。

8.4.4 拓展与提高

由于受篇幅限制，在本章项目案例中主要使用了 setter 方法注入方式来实现数据的注入。注解方式注入也是一种比较常用的注入方式。对该方式在 8.3.2 节中进行了详细的介绍，读者可以参考本章内容，使用注解注入方式来完成数据持久层代码的改造。

习 题 8

1．下列关于 Spring 的 Bean 的作用域的描述中，错误的是（　　）。

A．Spring 的 Bean 的作用域可以通过 scope 属性进行配置

B．Spring 的 Bean 的作用域默认为 prototype

C．当一个 Bean 的 scope 设为“singleton”时，可以被多个线程同时访问

D．一个 Bean 的 scope 只对它自己起作用，与其他 Bean 无关

2．下列关于 Spring 的 IOC 的描述中，错误的是（　　）。

A．IOC 指程序之间的关系由程序代码直接操控

B．“IOC：控制反转”指控制权由应用代码转到外部容器，即控制权的转移

C．IOC 将控制创建的职责搬进了框架中，与应用代码脱离

D．使用 Spring 的 IOC 容器时只需指出组件需要的对象，在运行时，Spring 的 IOC 容器会根据 xml 配置数据提供给它

3．在 Spring 配置文件 di.xml 中包含如下代码：

```
<bean id="test" class="Test">  <property name="i" value="100" /> </bean>
```

由此可以推断出（　　）。

A．可以通过如下代码获取 Test 的实例

```
ApplicationContext context=new ClassPathXmlApplicationContext("di.xml");
Test test=(Test)content.getBean("test");
```

B．可以通过如下代码获取 i 的值

```
ApplicationContext context=new ClassPathXmlApplicationContext("di.xml");
int i = (int)content.getBean("i");
```

C．Test 肯定实现了一个接口

D．Test 中一定存在 get()方法

4．下列关于 Spring 配置文件的说法中，不正确的是（　　）。

A．Spring 默认为读取/WEB-INF/applicationContext.xml 配置文件

B．Spring 配置文件可以配置在类路径下，并可以重命名，但是需要在 web.xml 文件中指定

C．把 applicationContext.xml 文件放到其他目录下，Spring 也可以读到

D．可以通过在 web.xml 中的<context-param><param-name>和<param-value>指定 Spring 配置文件

5．在 Spring 中，可以通过（　　）实现依赖注入（DI）。

A．getter 方法

B．setter 方法

C．自定义赋值方法

D．静态方法

6．Spring 属性注入有哪几种方式？

7．如何理解 Spring 的控制反转（IOC）？

第 9 章　Hibernate–Spring–Spring MVC 框架整合

在前面章节中系统地介绍了 Hibernate、Spring MVC、Spring 框架。虽然 Hibernate 是一个非常优秀的持久化层框架、Spring MVC 也是目前比较流行的表示层框架，但这些框架如果被单独使用，仍然有其自身的技术短板。为了充分利用这些框架的优点，在实际项目开发中，经常使用 Spring 框架对 Hibernate 框架和 Spring MVC 框架进行整合。

另外，使用 Spring 框架对这些框架进行整合，可以将系统中的所有组件都交给 Spring 框架进行管理，并充分利用 Spring 的 IOC 容器的功能，采用 DI 来管理系统中各个组件之间的依赖关系，实现各组件之间的解耦合，从而提高系统的可维护性和可扩展性。

9.1　环境搭建和基本配置

本书中整合环境的搭建是使用 Eclipse 开发工具进行的。首先在 Eclipse 中，新建一个名为 chapter9_1 的 Dynamic Web Project 项目，在该项目中将分别配置 Hibernate、Spring MVC、Spring 开发环境，并且结合对用户信息表的插入操作来对搭建的环境进行测试。

9.1.1　数据库环境准备

因为在 Hibernate 操作中需要用到数据库，所以需要先准备好数据库环境。本章将使用用户信息表 Userinfo 作为测试用的数据表，通过验证对该表的插入操作是否成功，来测试框架的搭建及整合是否成功。userinfo 表的结构如下所示：

```
Name     Type         Nullable Default Comments
-------- ------------ -------- ------- --------
USERNAME VARCHAR2(20) Y
PASSWORD VARCHAR2(20) Y
SEX      VARCHAR2(20) Y
AGE      NUMBER       Y
```

另外，在第 2 章中已经介绍过，本书中的在线书城数据库环境是 Oracle，数据库的用户名为“xiaohua”，密码为“m123”。

9.1.2　配置 Hibernate 开发环境

1. 导入 Hibernate 框架搭建所需要的 jar 包

Hibernate 框架搭建所需要的 jar 包在第 3 章中已经详细介绍过，将这些 jar 包添加到 chapter9_1 项目的 WebContent/WEB-INF/lib 文件夹下，Eclipse 将会自动将这些 jar 包发布到类路径下。

2. 添加 Hibernate 核心配置文件 hibernate.cfg.xml

在 chapter9_1 项目的 src 文件夹下创建 config 文件夹，在 config 文件夹中添加 hibernate.cfg.xml 文件，代码如下：

```
<?xml version="1.0" encoding="UTF-8"?>
<!DOCTYPE hibernate-configuration PUBLIC
    "-//Hibernate/Hibernate Configuration DTD 3.0//EN"
    "http://hibernate.sourceforge.net/hibernate-configuration-3.0.dtd">
<hibernate-configuration>
<session-factory name="test">
<!-- 数据库相关配置-->
<property name="hibernate.connection.driver_class">oracle.jdbc.driver.
        OracleDriver</property><!-- driver -->
<property name="hibernate.connection.url">jdbc:oracle:thin:@localhost:
        1521:orcl</property><!-- url -->
<property name="hibernate.connection.username">xiaohua</property>
        <!-- username -->
<property name="hibernate.connection.password">m123</property><!-- pwd -->
<!-- 配置方言-->
<property name="hibernate.dialect">org.hibernate.dialect.OracleDialect</property>
<!-- 配置显示格式-->
 <property name="hibernate.show_sql">true</property>
</session-factory>
</hibernate-configuration>
```

在 hibernate.cfg.xml 文件中分别对驱动字符串、连接字符串、方言等重要信息进行配置。

9.1.3 配置 Spring MVC 开发环境

1. 导入 Spring MVC 框架搭建所需要的 jar 包

Spring MVC 框架搭建所需要的 jar 包在第 6 章中已经详细介绍过，在此不再赘述。将这些 jar 包添加到 chapter9_1 项目的 WebContent/WEB-INF/lib 文件夹下，并发布到类路径下。

2. 添加 Spring MVC.xml 文件，配置相关属性

在 config 文件夹中添加 Spring MVC.xml 文件，代码如下：

```
<?xml version="1.0" encoding="UTF-8"?>
<beans xmlns="http://www.springframework.org/schema/beans"
    xmlns:context="http://www.springframework.org/schema/context"
    xmlns:p="http://www.springframework.org/schema/p"
    xmlns:mvc="http://www.springframework.org/schema/mvc"
    xmlns:xsi="http://www.w3.org/2001/XMLSchema-instance"
    xsi:schemaLocation="http://www.springframework.org/schema/beans
     http://www.springframework.org/schema/beans/spring-beans-3.0.xsd
     http://www.springframework.org/schema/context
     http://www.springframework.org/schema/context/spring-context.xsd
     http://www.springframework.org/schema/mvc
```

```
        http://www.springframework.org/schema/mvc/spring-mvc-3.0.xsd">
    <!-- 开启注解-->
        <mvc:annotation-driven/>
        <!-- 配置注解扫描包-->
        <context:component-scan base-package="com.hkd.controller" />
        <bean id="viewResolver"
        class="org.springframework.web.servlet.view.InternalResourceViewResolver">
            <property name="prefix" value="/"></property>
            <property name="suffix" value=".jsp"></property>
        </bean>
    </beans>
```

配置说明：

Spring MVC.xml 文件是 Spring MVC 框架的核心配置文件，该配置文件和 Spring 的 Bean 工厂文件非常相似。在上述文件中主要进行如下两类配置。

（1）视图解析器的配置。在对视图解析器的配置中，分别配置视图的前缀和后缀，其中前缀使用 prefix 指定，后缀使用 suffix 指定。

（2）配置 Controller 的注解生成方式，首先要开启注解，代码如下：

```
    <mvc:annotation-driven/>
```

然后要配置注解扫描包，代码如下：

```
    <context:component-scan base-package="com.hkd.controller" />
```

3. 在 web.xml 文件中配置前端控制器 DispatcherServlet

```
    <?xml version="1.0" encoding="UTF-8"?>
    <web-app xmlns:xsi="http://www.w3.org/2001/XMLSchema-instance" xmlns="http://
java.sun.com/xml/ns/javaee" xsi:schemaLocation="http://java.sun.com/xml/ns/javaee
http://java.sun.com/xml/ns/javaee/web-app_2_5.xsd" id="WebApp_ID" version="2.5">
      <display-name>chapter9_1</display-name>
      <welcome-file-list>
        <welcome-file>index.html</welcome-file>
        <welcome-file>index.htm</welcome-file>
        <welcome-file>index.jsp</welcome-file>
        <welcome-file>default.html</welcome-file>
        <welcome-file>default.htm</welcome-file>
        <welcome-file>default.jsp</welcome-file>
      </welcome-file-list>
       <servlet>
        <servlet-name>hello</servlet-name>
        <servlet-class>
           org.springframework.web.servlet.DispatcherServlet
        </servlet-class>
        <init-param>
        <param-name>contextConfigLocation</param-name>
        <param-value>classpath*:config/Spring MVC.xml</param-value>
        </init-param>
```

```
        <load-on-startup>1</load-on-startup>
    </servlet>
    <servlet-mapping>
        <servlet-name>hello</servlet-name>
        <url-pattern>/</url-pattern>

    </servlet-mapping>
    </web-app>
```

程序说明：

上述配置是 Spring MVC 框架的基本配置，若要解决以 post 方式请求时的乱码问题，则需要在 web.xml 文件中加入如下配置：

```
    <!-- 配置解决以 post 方式请求时的乱码问题的过滤器-->
       <filter>
           <filter-name>CharacterEncoding</filter-name>
           <filter-class>org.springframework.web.filter.CharacterEncoding-
                   Filter</filter-class>
           <init-param>
               <param-name>encoding</param-name>
               <param-value>UTF-8</param-value>
           </init-param>
       </filter>
       <filter-mapping>
           <filter-name>CharacterEncoding</filter-name>
           <url-pattern>/*</url-pattern>
       </filter-mapping>
```

9.1.4 配置 Spring 开发环境

1. 导入 Spring 框架开发所需要的 jar 包

因为 Spring 框架开发所需要的 jar 包和 Spring MVC 框架所需要的 jar 包相同，相应的 jar 包已经导入，所以在该环节不需要再导入 jar 包。

2. 配置 Spring 框架的核心配置文件 applicationContext.xml 文件

在 config 文件夹中添加 applicationContext.xml 文件，代码如下：

```
<?xml version="1.0" encoding="UTF-8"?>
<beans xmlns="http://www.springframework.org/schema/beans"
   xmlns:xsi="http://www.w3.org/2001/XMLSchema-instance"
   xmlns:context="http://www.springframework.org/schema/context"
   xmlns:aop="http://www.springframework.org/schema/aop"
   xmlns:tx="http://www.springframework.org/schema/tx"
   xsi:schemaLocation="http://www.springframework.org/schema/beans
   http://www.springframework.org/schema/beans/spring-beans-3.2.xsd
   http://www.springframework.org/schema/context
   http://www.springframework.org/schema/context/spring-context-3.2.xsd
```

```
    http://www.springframework.org/schema/aop http://www.springframework.org/
            schema/aop/spring-aop-3.2.xsd
    http://www.springframework.org/schema/tx http://www.springframework.org/
            schema/tx/spring-tx-3.2.xsd">
</beans>
```

3. 配置 Spring 监听器

在 web.xml 文件中配置 Spring 监听器，代码如下：

```
<?xml version="1.0" encoding="UTF-8"?>
<web-app xmlns:xsi="http://www.w3.org/2001/XMLSchema-instance" xmlns="http://
java.sun.com/xml/ns/javaee"   xsi:schemaLocation="http://java.sun.com/xml/ns/javaee
http://java.sun.com/xml/ns/javaee/web-app_2_5.xsd" id="WebApp_ID" version="2.5">
  <display-name>chapter9_1</display-name>
  <welcome-file-list>
    <welcome-file>index.html</welcome-file>
    <welcome-file>index.htm</welcome-file>
    <welcome-file>index.jsp</welcome-file>
    <welcome-file>default.html</welcome-file>
    <welcome-file>default.htm</welcome-file>
    <welcome-file>default.jsp</welcome-file>
  </welcome-file-list>
  <!-- 配置监听器-->
   <context-param>
    <param-name>contextConfigLocation</param-name>
    <param-value>classpath*:config/applicationContext.xml</param-value>
  </context-param>
  <listener>
    <listener-class>org.springframework.web.context.ContextLoaderListener
           </listener-class>
  </listener>
  <!-- 配置解决以 post 方式请求时的乱码问题的过滤器-->
    <filter>
        <filter-name>CharacterEncoding</filter-name>
        <filter-class>org.springframework.web.filter.CharacterEncoding-
               Filter</filter-class>
        <init-param>
            <param-name>encoding</param-name>
            <param-value>UTF-8</param-value>
        </init-param>
    </filter>
    <filter-mapping>
        <filter-name>CharacterEncoding</filter-name>
        <url-pattern>/*</url-pattern>
    </filter-mapping>
   <servlet>
    <servlet-name>hello</servlet-name>
    <servlet-class>
```

```
        org.springframework.web.servlet.DispatcherServlet
    </servlet-class>
    <init-param>
            <param-name>contextConfigLocation</param-name>
            <param-value>classpath*:config/Spring MVC.xml</param-value>
        </init-param>
    <load-on-startup>1</load-on-startup>
</servlet>
<servlet-mapping>
   <servlet-name>hello</servlet-name>
   <url-pattern>/</url-pattern>
</servlet-mapping>
</web-app>
```

9.2　Spring 整合 Hibernate 框架

9.2.1　整合说明及准备

所谓 Spring 整合 Hibernate 实际上就是将 Hibernate 交给 Spring 进行管理，具体来讲就是将 Hibernate 的核心配置文件 hibernate.cfg.xml 文件中的配置信息交给 Spring 来进行管理。

需要注意的是，在 Spring 整合 Hibernate 时，需要用到 spring-orm-3.2.0.RELEASE.jar 这个包，这个 jar 包已经在前面的准备工作中导入到 chapter9_1 中了，在此不再赘述。

9.2.2　Spring 整合 Hibernate 框架具体实现

下面以对 Userinfo 表的插入操作为例，介绍 Spring 对 Hibernate 的整合。

1. 数据持久层

如前所述，数据持久层是使用 Dao 模式完成的。下面对这些代码进行详细介绍。

1）实体类及映射文件

在 src 文件夹下创建 com.hkd.entity 包，在该包下创建实体类 UserInfo 及其映射文件 userinfo.hbm.xml 文件。

实体类 UserInfo.java 代码如下所示：

```
package com.hkd.entity;
public class UserInfo {
    String username;
    String password;
    String sex;
    int age;
    public String getUsername() {
        return username;
    }
    public void setUsername(String username) {
        this.username = username;
```

```
    }
    public String getPassword() {
        return password;
    }
    public void setPassword(String password) {
        this.password = password;
    }
    public String getSex() {
        return sex;
    }
    public void setSex(String sex) {
        this.sex = sex;
    }
    public int getAge() {
        return age;
    }
    public void setAge(int age) {
        this.age = age;
    }
}
```

映射文件 userinfo.hbm.xml 代码如下所示：

```
<?xml version="1.0" ?>
<!DOCTYPE hibernate-mapping PUBLIC
    "-//Hibernate/Hibernate Mapping DTD 3.0//EN"
    "http://hibernate.sourceforge.net/hibernate-mapping-3.0.dtd">
<hibernate-mapping package="com.hkd.entity">
    <class name="UserInfo">
        <id name="username">
            <generator class="assigned">
            </generator>
        </id>
        <property name="password"/>
        <property name="sex"/>
        <property name="age"/>
    </class>
</hibernate-mapping>
```

注意：需要在 hibernate.cfg.xml 文件中加载映射文件 userinfo.hbm.xml，代码如下：

```
<mapping resource="com/hkd/entity/userinfo.hbm.xml"/>
```

2）Dao 接口及其实现类

在 src 文件夹下创建 com.hkd.dao 包，在该包下创建 Dao 接口 UserInfoDao.java，代码如下：

```
public interface UserInfoDao {
public void insertUserInfo(String username,String password,String sex,int age);
}
```

在 src 文件夹下创建 com.hkd.daoimp 包，在该包下创建 Dao 接口实现类 UserInfoDaoImp.java，代码如下：

```
import org.springframework.orm.hibernate3.HibernateTemplate;
import org.springframework.orm.hibernate3.support.HibernateDaoSupport;
import com.hkd.dao.UserInfoDao;
import com.hkd.entity.UserInfo;
public class UserInfoDaoImp extends HibernateDaoSupport implements UserInfoDao {
    @Override
    public void insertUserInfo(String username, String password,String sex,int age) {
        HibernateTemplate ht = this.getHibernateTemplate();
        UserInfo ui=new UserInfo();
        ui.setUsername(username);
        ui.setPassword(password);
        ui.setSex(sex);
        ui.setAge(age);
        ht.save(ui);
    }
    }
```

程序说明：

在 UserInfoDaoImp.java 中使用了两个类：HibernateDaoSupport 和 HibernateTemplate。这两个类是整合后在数据持久层操作中经常使用的类。

本例中是通过继承 HibernateDaoSupport 类，并结合 HibernateTemplate 来实现数据持久层的代码的。如果使用这种方法，则将来在利用 Spring 生成数据持久层组件时，只能使用 xml 配置方式，不能使用注解方式，因为 set 方法在父类中，而且是 final 的。

也可以将 HibernateTemplate 作为 Dao 实现类的数据成员，这时就不需要继承 HibernateDaoSupport 了。这种方法将来既可以使用配置 xml 文件方式来生成组件，也可以使用注解方式来生成组件。关于这种方法的实现，将在下面的项目案例中进行详细介绍。

2．业务层

在 src 文件夹下创建 com.hkd.service 包，在该包下创建 Service 接口及其实现类，其中 Service 接口 UserInfoService.java 代码如下：

```
public interface UserInfoService {
public void insertUserInfo(String username,String password,String sex,int age);
}
```

Service 接口实现类 UserInfoServiceImp.java 代码如下：

```
package com.hkd.service;
import com.hkd.dao.UserInfoDao;
public class UserInfoServiceImp implements UserInfoService {
    UserInfoDao sd;
    public UserInfoDao getSd() {
        return sd;
    }
```

```
    public void setSd(UserInfoDao sd) {
        this.sd = sd;
    }
    @Override
    public void insertUserInfo(String username,String password,String sex,int age) {
    sd.insertUserInfo(username, password,sex,age);
    }
}
```

程序说明：

注意：在接口实现类 UserInfoServiceImp.java 中定义了数据持久层接口的对象 sd，并且添加了 setter 方法，但并没有进行初始化，这样业务层和数据持久层就不是强耦合在一起了，将来 sd 的创建要交给 Spring 来完成。

3. 在 Spring 工厂文件 applicationContext.xml 文件中进行配置

将 Hibernate 交给 Spring 的工厂文件进行管理，配置后的代码如下所示：

```
<?xml version="1.0" encoding="UTF-8"?>
<beans xmlns="http://www.springframework.org/schema/beans"
    xmlns:xsi="http://www.w3.org/2001/XMLSchema-instance"
    xmlns:context="http://www.springframework.org/schema/context"
    xmlns:aop="http://www.springframework.org/schema/aop"
    xmlns:tx="http://www.springframework.org/schema/tx"
    xsi:schemaLocation="http://www.springframework.org/schema/beans
          http://www.springframework.org/schema/beans/spring-beans-3.2.xsd
          http://www.springframework.org/schema/context
          http://www.springframework.org/schema/context/spring-context-3.2.xsd
          http://www.springframework.org/schema/aop
           http://www.springframework.org/schema/aop/spring-aop-3.2.xsd
          http://www.springframework.org/schema/tx
          http://www.springframework.org/schema/tx/spring-tx-3.2.xsd">
<!-- 1.配置 sessionFactory-->
<bean id="sessionFactory" class="org.springframework.orm.hibernate3.
               LocalSessionFactoryBean">
<property name="configLocations">
            <list>
                <value>
                    classpath*:config/hibernate.cfg.xml
                </value>
            </list>
        </property>
</bean>
<!- 2.创建数据持久层和业务层的组件-->
<bean id="userinfodao" class="com.hkd.daoImp.UserInfoDaoImp">
<property name="sessionFactory" ref="sessionFactory"/>
</bean>
<bean id="userinfoservice" class="com.hkd.service.UserInfoServiceImp">
```

```
<property name="sd" ref="userinfodao"/>
</bean>
<!- 3.声明式事务-->
<!- 3.1 配置事务管理器-->
<bean id="txManager"
    class="org.springframework.orm.hibernate3.HibernateTransactionManager">
    <property name="sessionFactory" ref="sessionFactory"></property>
</bean>
  <!-- 3.2 配置事务管理策略-->
    <tx:advice id="txAdvice" transaction-manager="txManager">
       <tx:attributes>
         <tx:method name="add*" propagation="REQUIRED"/>
         <tx:method name="get*" propagation="REQUIRED"/>
         <tx:method name="*" propagation="REQUIRED"/>
       </tx:attributes>
    </tx:advice>
  <!-- 3.3 配置事务切面-->
    <aop:config  proxy-target-class="true">
      <aop:pointcut expression="execution (* com.hkd.service.*.*(..))" id="myCut"/>
       <aop:advisor advice-ref="txAdvice" pointcut-ref="myCut"/>
    </aop:config>
</beans>
```

程序说明：

下面分别从配置 sessionFactory、创建数据持久层和业务层的组件、声明式事务三个部分对上面的整合代码进行说明。

1）配置 sessionFactory

配置 sessionFactory 的作用是实现 Spring 对 Hibernate 的管理，在上面的配置中以加载 hibernate.cfg.xml 文件的方式实现了将 Hibernate 的核心配置文件信息交给 Spring 管理的工作。也可以直接将这些信息写进 Spring 的工厂文件 applicationContext.xml。如果采用直接写入的方式，则不需要 hibernate.cfg.xml 文件了，可以删掉。直接写入的方式代码如下：

```
<!-- 1.配置数据源-->
<bean id="datasource" class="org.apache.commons.dbcp.BasicDataSource" >
<property name="driverClassName" value="oracle.jdbc.driver.OracleDriver"/>
<property name="url" value="jdbc:oracle:thin:@localhost:1521:orcl"/>
<property name="username" value="xiaohua"/>
<property name="password" value="m123"/>
</bean>
<!-- 2.配置 sessionFactory--> <!-- 看源码加深对依赖注入的认识-->
<bean id="sessionFactory" class="org.springframework.orm.hibernate3.
        LocalSessionFactoryBean">
<property name="dataSource" ref="datasource"/>
<property name="hibernateProperties">
<props>
<prop key="hibernate.dialect">org.hibernate.dialect.OracleDialect</prop>
<prop key="hibernate.show_sql">true</prop>
```

```
</props>
</property>
<property name="mappingResources">
<list>
<value>com/newtouch/entity/userinfo.hbm.xml</value>
</list>
</property>
</bean>
```

这两种方式的配置效果是一样的，读者可以任选其一。

2）创建数据持久层和业务层的组件

在上面的配置中采用setter方法注入的方式来创建数据持久层和业务层的组件，关于setter方法注入在第8章中已详细介绍过，在此不再赘述。

3）声明式事务

声明式事务是框架整合中比较常用的一种策略，声明式事务的切入点通常选择业务层，另外若要配置声明式事务，还需要另外的一些jar包，这些jar包有如表9-1所示的4种。

表9-1 配置声明式事务所需要的jar包

包名	作用
aopalliance.jar	该jar包里包含了针对面向切面的接口，通常Spring等其他具备动态织入功能的框架依赖此包
aspectjrt.jar	处理事务和AOP所需要的包
aspectjweaver.jar	
Cglib-nodep.jar	在Spring中实现自动代理所需要的jar包

4．测试

为了检验Spring对Hibernate的整合是否成功，需要对上述配置进行测试。在chapter9_1项目的src文件夹下创建com.hkd.test包，在该包下创建测试类TestZhenghe，代码如下所示：

```
import org.junit.Before;
import org.junit.Test;
import org.springframework.context.ApplicationContext;
import org.springframework.context.support.ClassPathXmlApplicationContext;
import com.hkd.service.UserInfoService;
public class TestZhenghe {
    ApplicationContext factory = null;
    @Before
    public void init() {
        factory = new ClassPathXmlApplicationContext("config/
                applicationContext.xml");
    }
    @Test
    public void testSave() {
        UserInfoService ss = (UserInfoService) factory.getBean("userinfoservice");
        ss.insertUserInfo("111", "22","1",20);
    }
}
```

运行 testSave()函数，查看数据表，运行结果如图 9-1 所示。

	USERNAME	PASSWORD	SEX	AGE
1	111 ...	22 ...	1 ...	20

图 9-1　运行结果

从运行结果中看到，数据被正常插入了数据库。这说明 Spring 和 Hibernate 的整合成功了，并且声明式事务也起到了作用。

9.3　Spring 整合 Spring MVC 框架

9.3.1　整合说明和准备

Spring MVC 框架属于 Spring 旗下的产品，它们本身就是一家的产品。因为 Spring MVC 的核心配置文件 Spring MVC.xml 实质上就是一个 Bean 工厂文件，所以 Spring MVC 框架和 Spring 的整合可以做到无缝整合，不需要太多额外的配置和额外的 jar 包。

9.3.2　Spring 整合 Spring MVC 框架具体实现

下面仍以对 Userinfo 表的插入操作为例来介绍 Spring MVC 框架和 Spring 的整合，插入操作中所需要的数据由注册页面录入。若插入操作成功，则跳转到注册成功页面，否则跳转到注册失败页面。

1．编写注册页面、注册成功页面、注册失败页面

注册页面 register.jsp，页面代码如下所示：

```
<%@ page language="java" contentType="text/html; charset=utf-8"
   pageEncoding="utf-8"%>
<html>
<head>
<title>注册页面</title>
</head>
<body>
<h2>注册信息</h2>
<form action="doRegister" method="post">
用户：<input type="text" name="uname" /><br/>
密码：<input type="text" name="pwd" /><br/>
性别：<input type="text" name="sex" /><br/>
年龄：<input type="text" name="age" /><br/>
<input type="submit" name="btn" value="提交" />
<input type="reset" name="btn" value="重置" />
</form>
</body>
</html>
```

注册成功页面 welcome.jsp，核心代码如下所示：

```
<body>
注册成功
</body>
```

注册失败页面 error.jsp，核心代码如下所示：

```
<body>
you are error
</body>
```

2．以注解方式编写 Controller

```
import org.springframework.beans.factory.annotation.Autowired;
import org.springframework.beans.factory.annotation.Qualifier;
import org.springframework.stereotype.Controller;
import org.springframework.web.bind.annotation.RequestMapping;
import com.hkd.service.UserInfoService;
@Controller
public class DoRegister {
    @Autowired
    @Qualifier("userinfoservice")
    UserInfoService ss;
    public UserInfoService getSs() {
        return ss;
    }
    public void setSs(UserInfoService ss) {
        this.ss = ss;
    }
    @RequestMapping("/doRegister")
    public String doLogin_simple(String uname,String pwd,String sex,int age)
    {
        try {
            ss.insertUserInfo(uname, pwd,sex,age);
            return "/welcome";
        } catch (Exception e) {
            return "/error";
        }
    }
}
```

程序说明：

（1）在控制器类上使用@Controller 标签来标记该类是一个控制器类。

（2）在控制器 DoRegister 中，首先定义一个业务层的接口对象，并添加 setter 方法；然后在该对象上以注解注入的方式实现业务层对象的注入。

（3）在处理函数上使用@RequestMapping("/doRegister")标签来设定该处理函数的 url。另外，处理函数的参数和前台 register.jsp 页面的表单名称应保持一致，这样处理函数才能接收到由前台传递过来的参数。

3. 在 web.xml 文件中配置 Spring 监听器和其他配置

```
    <?xml version="1.0" encoding="UTF-8"?>
    <web-app xmlns:xsi="http://www.w3.org/2001/XMLSchema-instance" xmlns="http://
java.sun.com/xml/ns/javaee"xsi:schemaLocation="http://java.sun.com/xml/ns/javaee
http://java.sun.com/xml/ns/javaee/web-app_2_5.xsd" id="WebApp_ID" version="2.5">
      <display-name>chapter9_1</display-name>
      <welcome-file-list>
        <welcome-file>index.html</welcome-file>
        <welcome-file>index.htm</welcome-file>
        <welcome-file>index.jsp</welcome-file>
        <welcome-file>default.html</welcome-file>
        <welcome-file>default.htm</welcome-file>
        <welcome-file>default.jsp</welcome-file>
      </welcome-file-list>
      <!-- 1.配置 Spring 监听器-->
       <context-param>
        <param-name>contextConfigLocation</param-name>
        <param-value>classpath*:config/applicationContext.xml</param-value>
      </context-param>
      <listener>
        <listener-class>org.springframework.web.context.ContextLoader-
             Listener</listener-class>
      </listener>
       <!-- 2.配置 Spring MVC 前端控制器 DispatcherServlet-->
       <servlet>
        <servlet-name>hello</servlet-name>
        <servlet-class>
           org.springframework.web.servlet.DispatcherServlet
        </servlet-class>
        <init-param>
               <param-name>contextConfigLocation</param-name>
               <param-value>classpath*:config/Spring MVC.xml</param-value>
            </init-param>
    </servlet>
    <servlet-mapping>
       <servlet-name>hello</servlet-name>
       <url-pattern>/</url-pattern>
    </servlet-mapping>
    <!-- 3.配置解决以 post 方式请求时的乱码问题的过滤器-->
        <filter>
            <filter-name>CharacterEncoding</filter-name>
            <filter-class>org.springframework.web.filter.CharacterEncoding-
                  Filter</filter-class>
            <init-param>
               <param-name>encoding</param-name>
               <param-value>UTF-8</param-value>
            </init-param>
```

```
    </filter>
    <filter-mapping>
        <filter-name>CharacterEncoding</filter-name>
        <url-pattern>/*</url-pattern>
    </filter-mapping>
    <!-- 4.配置解决 session 不能使用的问题-->
  <filter>
    <filter-name>openSession</filter-name>
    <filter-class>org.springframework.orm.hibernate3.support.Open-
                SessionInViewFilter</filter-class>
   </filter>
   <filter-mapping>
    <filter-name>openSession</filter-name>
    <url-pattern>/*</url-pattern>
   </filter-mapping>
</web-app>
```

程序说明：

（1）Spring 整合 Spring MVC 框架需要配置 Spring 监听器。监听器 org.spring-framework.web.context.ContextLoaderListener 的作用是，当服务启动时加载上下文参数中所指定的工厂文件 applicationContext.xml。

（2）前端控制器 DispatcherServlet 的配置是 Spring MVC 环境搭建所必须配置的，Spring MVC 前端控制器的配置是使用<servlet>标签配置的。

（3）在 web.xml 文件中还对解决以 post 方式传递数据时的乱码问题进行了配置，另外还通过配置解决了 Hibernate 中 session 不能使用的问题。

从上面的操作及配置中可以看到，Spring 和 Spring MVC 框架的整合比较方便，几乎不需要额外的配置，它们的整合是一种无缝整合。

下面运行程序来测试整合是否正确。

运行 register.jsp 页面，输入注册信息，注册界面如图 9-2 所示。

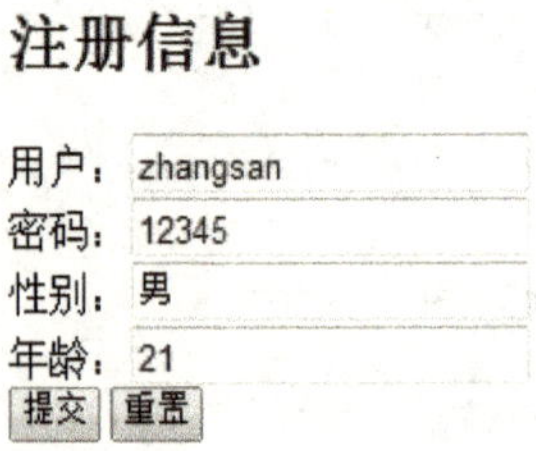

注册信息

用户：zhangsan
密码：12345
性别：男
年龄：21
提交 重置

图 9-2 注册界面

单击“提交”按钮，程序跳转到 welcome.jsp 页面，查看数据库中的数据表，数据已经被正常插入。用户信息表 Userinfo 如图 9-3 所示。

	USERNAME	PASSWORD	SEX	AGE
1	111 ...	22 ...	1 ...	20
2	gzf ...	m123 ...	11 ...	21
3	zhangsan ...	12345 ...	男 ...	21

图 9-3 用户信息表 Userinfo

测试说明这三个框架的整合是成功的。至此，我们就完成了 Hibernate、Spring MVC、Spring 框架的整合。

9.4 项目案例

9.4.1 案例描述

在前面的内容中，我们以对 Userinfo 表的操作为例，在 chapter9_1 项目中完成了框架的整合工作。在整合中，除表示层 Spring MVC 框架部分采用注解外，数据持久层和业务层都是采用 xml 配置完成组件生成的。

在本章项目案例中，将在在线书城项目 OnLine_BookStore 中以用户登录功能为例，以全注解的方式完成框架的整合工作。全注解方式指将数据持久层、业务层、表示层都以注解方式完成。

9.4.2 案例实施

首先在项目 OnLine_BookStore 的 WEB-INF/lib 文件夹下添加整合所需要的 jar 包，并准备好框架整合所需要的基本环境，可以参考 9.1 节中的环境搭建和基本配置内容。

1. Spring 以注解方式整合 Hibernate

1）数据持久层

下面以对 Signon 表的查询为例介绍数据持久层的注解实现。

（1）以注解方式完成实体类的编写，并在 hibernate.cfg.xml 文件中进行加载。

```
import javax.persistence.Entity;
import javax.persistence.Id;
@Entity
public class Signon {
    @Id
    String username;
    String password;
    public String getUsername() {
        return username;
    }
    public void setUsername(String username) {
        this.username = username;
    }
    public String getPassword() {
        return password;
    }
    public void setPassword(String password) {
        this.password = password;
    }
}
```

程序说明：

在类上使用@Entity 表示该类是一个实体类，在属性 username 上使用@Id 表示该属性将来要映射生成主键。因为没有指定主键生成策略，所以主键生成策略为由程序生成。

为了整合框架方便，在项目 OnLine_BookStore 的 src/config 目录下新建 hibernate.cfg.test.xml 文件。在该文件中除 Hibernate 框架所需要的基本配置外，还需要加载经过注解后的实体类，代码如下：

```
<?xml version="1.0" encoding="UTF-8"?>
<!DOCTYPE hibernate-configuration PUBLIC
    "-//Hibernate/Hibernate Configuration DTD 3.0//EN"
    "http://hibernate.sourceforge.net/hibernate-configuration-3.0.dtd">
<hibernate-configuration>
<session-factory name="test">
<!-- 数据库相关配置-->
<property name="hibernate.connection.driver_class">oracle.jdbc.driver.
            OracleDriver</property><!-- driver -->
<property name="hibernate.connection.url">jdbc:oracle:thin:@localhost:
            1521:orcl</property><!-- url -->
<property name="hibernate.connection.username">xiaohua</property>
            <!-- username -->
<property name="hibernate.connection.password">m123</property><!-- pwd -->
<!-- 配置方言-->
<property name="hibernate.dialect">org.hibernate.dialect.OracleDialect
            </property>
<!-- 配置显示格式-->
 <property name="hibernate.show_sql">true</property>
<mapping class="com.hkd.entity.Signon"/>
</session-factory>
</hibernate-configuration>
```

（2）编写 Dao 接口及接口实现类。

Dao 接口 SignonDao.java 代码如下所示：

```
public interface SignonDao {
    public ArrayList<Signon> checkByName(String username, String password);
    public void insertSignon(String username, String password);
}
```

Dao 接口实现类 SignonDaoImp.java 代码如下所示：

```
package com.hkd.daoImp;
import java.util.ArrayList;
import org.springframework.beans.factory.annotation.Autowired;
import org.springframework.beans.factory.annotation.Qualifier;
import org.springframework.orm.hibernate3.HibernateTemplate;
import org.springframework.stereotype.Repository;
import com.hkd.dao.SignonDao;
import com.hkd.entity.Signon;
```

```
@Repository("sdi")
public class SignonDaoImp implements SignonDao {
    @Autowired
    @Qualifier(value = "hibernateTemplate")
    HibernateTemplate ht;
    public HibernateTemplate getHt() {
        return ht;
    }
    public void setHt(HibernateTemplate ht) {
        this.ht = ht;
    }
    @Override
    public ArrayList<Signon> checkByName(String username, String password) {
        String hql = "from Signon where username='" + username + "' and password='"
                + password + "'";
        ArrayList<Signon> list = (ArrayList<Signon>) ht.find(hql);
        return list;
    }
    @Override
    public void insertSignon(String username, String password) {
    }
}
```

程序说明：

① 在类 SignonDaoImp 上使用注解标签@Repository("sdi")进行注解。该注解表示生成一个数据持久层的对象，该对象名为 sdi。

② 在 SignonDaoImp.java 类中定义 HibernateTemplate 类的对象 ht，添加其 setter/getter 方法，并以注解方式对该对象进行注入，注入代码如下所示：

```
@Autowired
@Qualifier(value = "hibernateTemplate")
HibernateTemplate ht;
```

注意：其中注入的值 hibernateTemplate 将在下面的 Spring 的工厂文件中产生。

③ 在 checkByName 函数中利用 HibernateTemplate 类提供的 find 函数实现查询。

④ 在接口实现类中通过定义 HibernateTemplate 类的对象的方式来实现对数据库的操作，比继承 HibernateDaoSupport 的方式更灵活。如果 Dao 接口实现类是通过继承 HibernateDaoSupport 实现的，那么这个接口实现类就不能使用注解生成，因为若这样做则接口实现类的 setter 方法在父类中，而且是 final 的。而通过在接口实现类中定义 HibernateTemplate 类的对象的方式正好弥补了该不足，可以在 Spring 的工厂文件中对 HibernateTemplate 类进行创建。

2）业务层

业务层接口 SignonService.java 代码如下所示：

```
package com.hkd.service;
public interface SignonService {
```

```
    public boolean checkByName(String username, String password);
    public void insertSignon(String username, String password);
}
```

业务层接口实现类 SignonServiceImp.java 代码如下所示：

```
@Service("signonservice")
public class SignonServiceImp implements SignonService {
    @Autowired
    @Qualifier("sdi")
    SignonDao sd;
    public SignonDao getSd() {
        return sd;
    }
    public void setSd(SignonDao sd) {
        this.sd = sd;
    }
    @Override
    public boolean checkByName(String username, String password) {
        ArrayList<Signon> list = sd.checkByName(username, password);
        if (list.size() > 0)
            return true;
        else
            return false;
    }
    @Override
    public void insertSignon(String username, String password) {
        sd.insertSignon(username, password);
    }
}
```

程序说明：

（1）在类 SignonServiceImp 上使用注解标签@Service("signonservice")进行注解，该注解表示生成一个业务层的对象 signonservice。

（2）在类 SignonServiceImp 中定义 SignonDao 接口的对象 sd，添加其 setter/getter 方法，并以注解方式对该对象进行注入，注入代码如下所示：

```
@Autowired
    @Qualifier("sdi")
    SignonDao sd;
```

注意：注入的值“sdi”是数据持久层的对象组件。

3）编写支持注解方式的工厂文件

在 src/config 目录下编写支持注解方式的工厂文件 appAnnotation.xml，代码如下：

```
<?xml version="1.0" encoding="UTF-8"?>
<beans xmlns="http://www.springframework.org/schema/beans"
    xmlns:xsi="http://www.w3.org/2001/XMLSchema-instance"
    xmlns:context="http://www.springframework.org/schema/context"
```

```
    xmlns:aop="http://www.springframework.org/schema/aop"
    xmlns:tx="http://www.springframework.org/schema/tx"
    xsi:schemaLocation="http://www.springframework.org/schema/beans
    http://www.springframework.org/schema/beans/spring-beans-3.2.xsd
    http://www.springframework.org/schema/context
    http://www.springframework.org/schema/context/spring-context-3.2.xsd
    http://www.springframework.org/schema/aop
    http://www.springframework.org/schema/aop/spring-aop-3.2.xsd
    http://www.springframework.org/schema/tx
    http://www.springframework.org/schema/tx/spring-tx-3.2.xsd">
<!-- 1.配置 sessionFactory-->
<bean id="sessionFactory" class="org.springframework.orm.hibernate3.
           annotation.AnnotationSessionFactoryBean">
<property name="configLocations">
           <list>
               <value>
                   classpath*:config/hibernate.cfg.test.xml
               </value>
           </list>
       </property>
</bean>
<!-- 2.产生 HibernateTemplate 组件-->
<bean id="hibernateTemplate" class="org.springframework.orm.hibernate3.
           HibernateTemplate">
<property name="sessionFactory" ref="sessionFactory"/>
</bean>
<!- 3.开启注解及配置注解扫描-->
<context:annotation-config/>
<context:component-scan base-package="com.hkd.service"/>
<context:component-scan base-package="com.hkd.daoImp"/>
<!— 4.声明式事务-->
<!-- 配置事务管理器-->
<bean id="txManager"
    class="org.springframework.orm.hibernate3.HibernateTransactionManager">
    <property name="sessionFactory" ref="sessionFactory"></property>
</bean>
  <!-- 配置事务管理策略-->
    <tx:advice id="txAdvice" transaction-manager="txManager">
      <tx:attributes>
        <tx:method name="add*" propagation="REQUIRED"/>
        <tx:method name="get*" propagation="REQUIRED"/>
        <tx:method name="*" propagation="REQUIRED"/>
      </tx:attributes>
    </tx:advice>
  <!-- 配置事务切面-->
    <aop:config  proxy-target-class="true">
      <aop:pointcut expression="execution (* com.hkd.service.*.*(..))" id="myCut"/>
```

```
        <aop:advisor advice-ref="txAdvice" pointcut-ref="myCut"/>
    </aop:config>
</beans>
```

程序说明：

（1）配置支持 Hibernate 注解方式的 sessionFactory。

在前面的整合中，支持配置方式的 sessionFactory 对应的配置为：

```
<bean id="sessionFactory" class="org.springframework.orm.hibernate3.
            LocalSessionFactoryBean">
```

而支持 Hibernate 注解方式的 sessionFactory 的配置应该为：

```
<bean id="sessionFactory" class="org.springframework.orm.hibernate3.
            annotation.AnnotationSessionFactoryBean">
```

（2）在工厂文件中开启注解并配置注解扫描包。

```
<context:annotation-config/>
<context:component-scan base-package="com.hkd.service"/>
<context:component-scan base-package="com.hkd.daoImp"/>
```

另外，在该工厂文件中，还产生了 HibernateTemplate 组件，并配置了声明式事务，在此不再逐一说明。

4）测试

在 com.hkd.test 包下编写测试类 TestAnnocation，代码如下：

```
public class TestAnnocation {
    ApplicationContext factory = null;
    @Before
    public void init() {
        factory = new ClassPathXmlApplicationContext("config/appAnnotation.xml");
    }
    @Test
    public void testLogin() {
        SignonService ss = (SignonService) factory.getBean("signonservice");
        if (ss.checkByName("j2ee", "j2ee")) {
            System.out.println("登录成功");
        } else {
            System.out.println("登录失败");
        }
    }
}
```

运行之后显示：

```
Hibernate: select signon0_.username as username0_, signon0_.password as password0_
        from Signon signon0_ where signon0_.username='j2ee' and signon0_
        .password='j2ee'
登录成功
```

这说明以注解方式实现的 Spring 整合 Hibernate 是成功的。

2. Spring 以注解方式整合 Spring MVC

因为在 9.3 节中是以注解方式来实现 Spring 和 Spring MVC 的整合的，所以下面仅列出以注解方式编写的 Controller，以供测试使用；而对于 Spring MVC 的核心配置文件 Spring MVC.xml 及 web.xml 的配置，读者可以参考 9.3 节中的相关代码。

在 com.hkd.controller 包中编写 Controller 类 DoLogin，代码如下：

```
package com.hkd.controller;
@Controller
public class DoLogin {
    @Autowired
    @Qualifier(value="signonservice")
    SignonService sbi;
    public SignonService getSbi() {
        return sbi;
    }
    public void setSbi(SignonService sbi) {
        this.sbi = sbi;
    }
    @RequestMapping("/doLoginTest")
    public void doLogin(String username, String password, HttpServletRequest
            request, HttpServletResponse response)
        throws IOException {

        HttpSession session = request.getSession(true);

        if (sbi.checkByName(username, password)) {
            session.setAttribute("loginname", username);
            response.sendRedirect("index.jsp");
        }
        else
            response.sendRedirect("login.jsp");
    }
}
```

修改 login.jsp 页面中表单的 action 属性的值。

```
<form action="doLoginTest" method="post">
<table class="a" border="2" bgcolor="#CCFFCC" width="400px" height="100px" >
<tr><td width="100px">用户名：</td><td><input type="text" name="username"
        size="20"/></td></tr>
<tr><td >密码：</td><td><input type="password" name="password"
        size="20"/></td></tr>
 <tr height="40px" bgcolor="#FFFFCC"><td colspan="2" align="center"> <input
        type="submit" name="btn1" value="登录"/>
  <a href=register.jsp>注册</a></td>
 </tr>
```

```
    </table>
```

运行 login.jsp，输入用户名和密码进行测试，程序运行正常。

至此，在项目 OnLine_BookStore 中已将 Spring、Spring MVC、Hibernate 框架以全注解的方式进行整合。

9.4.3 知识点总结

在项目案例的实现中，不仅使用了本章 9.1、9.2、9.3 节所介绍的知识，并且还对前面的内容进行了扩展，对于数据持久层、业务层、表示层完成了全注解实现，使用注解方式完成了 Hibernate、Spring、Spring MVC 这三个框架的整合。

9.4.4 拓展与提高

注解方式是一种高效的程序开发方式，在本章项目案例中，仅以用户登录为例，实现了注解方式下三个框架的整合，读者可以利用本章所学知识，完成在线书城的其他功能的注解实现。

习 题 9

1. 简述 Hibernate-Spring-Spring MVC 这三个框架的整合步骤。
2. 若配置声明式事务，则需要哪些额外的 jar 包？
3. 简述 HibernateDaoSupport 和 HibernateTemplate 类的特点。

参 考 文 献

[1] 杨开振，等. Java EE 互联网轻量级框架整合开发——SSM 框架（Spring MVC+Spring+MyBatis）和 Redis 实现[M]. 北京：电子工业出版社，2017.

[2] 陈松，冼进. J2EE 电子商务系统开发从入门到精通——基于 Struts 和 Hibernate 技术实现[M]. 北京：清华大学出版社，2008.

[3] 王永贵，郭伟. Java 高级框架应用开发案例教程——Struts 2+Spring+Hibernate[M]. 北京：清华大学出版社，2012.

[4] 张龙，等. Spring MVC 实战[M]. 北京：电子工业出版社，2017.

[5] 李刚. 轻量级 Java EE 企业应用实战（第 4 版）：Struts2+Spring4+Hibernate 整合开发[M]. 北京：电子工业出版社，2014.

[6] 杨旭. J2EE 企业级开发（Struts2+Spring+Hibernate 整合技术）[M]. 北京：清华大学出版社，2016.

[7] 朱要光. Spring MVC+MyBatis 开发从入门到项目实战[M]. 北京：电子工业出版社，2018.

[8] 谷志峰. JSP 程序设计实例教程[M]. 北京：电子工业出版社，2017.

[9] 杨少波. J2EE 项目实训 Hibernate 框架技术[M]. 北京：清华大学出版社，2008.

[10] 杨少波. J2EE 项目实训 Spring 框架技术[M]. 北京：清华大学出版社，2008.

[11] 李明欣，康凤. Java EE 实例开发项目教程（Struts2+Spring+Hibernate）[M]. 北京：电子工业出版社，2016.

[12] 贾蓓，镇明敏. Java Web 整合开发实战——基于 Struts 2+Hibernate+Spring[M]. 北京：清华大学出版社，2013.

[13] 刘勇军，王电钢. Java EE 项目应用开发：基于 Struts 2，Spring,Hibernate[M]. 北京：电子工业出版社，2012.

[14] 陈恒，楼偶俊. Spring MVC 开发技术指南[M]. 北京：清华大学出版社，2017.

[15] 范新灿. 基于 Struts、Hibernate、Spring 架构的 Web 应用开发[M]. 2 版. 北京：电子工业出版社，2014.

[16] 王建国. Struts+Spring+Hibernate 框架及应用开发[M]. 北京：清华大学出版社，2011.

[17] 张志锋，马军霞. Web 框架技术（Struts2+Hibernate+Spring3）教程[M]. 北京：清华大学出版社，2013.

[18] 安博教育集团. Spring 程序开发[M]. 北京：电子工业出版社，2012.

反侵权盗版声明